Cocos2D
JavaScript를 이용한
HTML5
게임 개발

박현천

2010년 Nexon Open Studio Season 1 대상을 받고 넥슨에 재직하던 중 아이폰 / 안드로이드 등의 모바일 플랫폼에 관심을 두고 개인 개발자로서 아이폰 앱스토어 및 안드로이드 마켓에 상식백과 시리즈 등 20여 건의 앱을 등록해 여러 번에 걸쳐 앱스토어 전체 무료 1위 및 안드로이드 마켓 100만 다운로드 돌파를 달성했다. 2011년 삼성생명 모바일 창구 리뉴얼 프로젝트의 아이폰/안드로이드 개발을 전담했으며, 현재는 HTML5 오픈 커뮤니티(www.htmlfive.co.kr)의 운영자로서 새로운 비상을 꿈꾸고 있다.

이승준

어릴 적부터 게임을 만들고 싶어 남들보다 조금 어린 나이에 게임 업계에 뛰어들어 군대까지 게임 회사에서 해결한 9년 차 게임 개발자다. 차가운 도시 남자를 꿈꾸지만 현실은 맨날 야근만 하는 불쌍한 인생이다. 프로그래머는 언어에 구애받으면 안 된다는 생각에 요즘은 웹 개발을 공부하고 있으며 어떻게 하면 즐겁게 살 수 있는지 고민 중이다. 뿌바 엔터테인먼트, IBSnet, 웹젠을 거쳐 현재는 드래곤플라이에서 온라인 FPS 게임인 스페셜 포스2를 개발 중이다.

Cocos2D JavaScript를 이용한 HTML5 게임 개발

지은이 박현천, 이승준
펴낸이 박찬규 | 엮은이 윤가희 | 디자인 북누리 | 표지디자인 아로와 & 아로와나

펴낸곳 위키북스 | 전화 031-955-3658, 3659 | 팩스 031-955-3660
주소 경기도 파주시 교하읍 문발리 파주출판도시 535-7 세종출판벤처타운 #311

가격 20,000 | 페이지 236 | 책규격 172 x 235

초판 발행 2012년 07월 18일
ISBN 978-89-92939-05-8(93560)

등록번호 제406-2006-000036호 | 등록일자 2006년 05월 19일
홈페이지 wikibook.co.kr | 전자우편 wikibook@wikibook.co.kr

이 도서의 국립중앙도서관 출판시도서목록 CIP는
e-CIP 홈페이지 | http://www.nl.go.kr/cip.php에서 이용하실 수 있습니다.
CIP제어번호: CIP2012003066

Cocos 2D JavaScript를 이용한 HTML5 게임 개발

박현천 · 이승준 지음

위키북스

[저자 서문]

"오랫동안 꿈을 꾸는 사람은 마침내 그 꿈을 닮아간다."

지금으로부터 15여 년 전 처음으로 프로그래밍에 입문했습니다. 지금은 쓰지 않는 GW-Basic, 포트란, 코볼, 어셈블리 등 당시에는 자격증 취득을 위해 공부했는데 시간이 지나가며 점점 더 재미를 느끼고 빠져들어 가는 저를 발견할 수 있었습니다. 그리고 언젠가는 이런 재미를 나눠줄 수 있는 사람이 되고 싶다는 생각을 했고 언젠가는 제 이름으로 된 책을 출간하고 싶다는 꿈을 가지고 있었습니다.

하지만 한동안 프로그래밍과는 동떨어진 삶을 살았습니다. 당연히 저의 조그마한 꿈도 기억의 서랍 한 켠에 버려진 채 먼지만 쌓일 뿐이었습니다. 하지만 육체적으로도 정신적으로도 한계에 직면한 순간 깨달았습니다. 제가 가장 저다웠던 순간, 가장 행복했던 순간이 다름 아닌 그 옛날 텍스트 머드 게임을 개발하며 밤을 새우던 그 순간, 꿈꾸고 있던 그 순간이었다는 사실입니다.

남들은 이제 와서라는 말을 하며 무모하다고 말했지만 뒤처진 만큼 한 걸음 한 걸음 서두른 결과, 어느새 전혀 다른 삶을 사는 저를 발견할 수 있었습니다.

그리고 지금 이 순간 오랫동안 막연하게만 생각해왔던 그 꿈이 마침내 이뤄졌습니다. 위키북스 박찬규 대표님과 윤가희님이 계시지 않았다면 아마 이 꿈은 실현되지 않았을 것입니다. 그 분들을 비롯한 모든 위키북스 관계자분들께 진심으로 감사하고 삶의 동반자이자 멋진 멘토인 Dr.X 황현섭님과 김태영님께도 감사의 말을 전하고 싶습니다.

마지막으로 바라는 모든 꿈이 이루어지시길!

박현천

무언가를 만든다는 건 굉장히 즐거운 일입니다. 즐거운 일의 결과물이 모두가 좋아하는, 모두가 즐길 수 있는 것이 된다면 대단히 멋진 일입니다. 프로그래밍은 즐거움을 멋진 일로 만들 수 있는 활동입니다. 이 책은 여러분이 멋진 일을 시작할 수 있게 친절하게 도와줄 수 있는 친구입니다.

이 책은 독자 여러분이 어떻게 하면 흥미를 느끼며 재미있게 게임 개발을 즐길 수 있을까, 라는 고민 아래 탄생했습니다. 그러다 보니 자연스럽게 딱딱한 형식을 벗어나 즐겁고 재미있게 개발을 배울 수 있게 도움을 드리고자 노력했습니다. 그리고 책의 마지막 장을 덮은 독자가 다음 목표를 준비하기 위한 디딤돌이 되었으면 합니다.

"가슴 뛰는 일을 하라. 진정으로 좋아하는 가슴 뛰는 일을 하고 있다면 모든 것이 당신에게 주어질 것이다."라는 말이 있습니다. 여러분에게 진정으로 좋아하는 가슴 뛰는 일은 무엇인가요? 저는 그 일을 이미 찾았고 지금 그 일을 하고 있습니다. 여러분은 어떠신가요? 독자 여러분이 이 책을 통해 진정으로 좋아하는 가슴 뛰는 일을 찾으실 수 있기를 진심으로 기원합니다.

이승준

05
Cocos2D Label

06
Cocos2D Menu

[목차]

11
Cocos2D Transitions

14

실전 프로젝트

01

Cocos2D JavaScript
- HTML5 게임 엔진

최근 HTML5는 많은 관심을 한몸에 받고 있다. 명실공히 차세대 웹 표준으로서 플래시와 같은 플러그인 없이도 동영상, 음악, 그래픽 등을 빠르고 부드럽게 처리할 수 있고 웹의 표현 영역 확장과 더불어 모든 서비스와 플랫폼을 통합하는 개방 플랫폼으로서 플랫폼별로 따로 개발할 필요가 없다.

HTML5의 강점은 게임에도 그대로 적용할 수 있다. 그래픽이나 사운드에 의존도가 높은 게임 역시 HTML5로 별도의 플러그인 없이 빠르고 다채롭게 표현할 수 있으며, 가장 큰 문제 중 하나였던 성능 역시 전반적인 기기 성능 향상과 더불어 브라우저 엔진 자체가 개선되고 있어 빠르게 해결되고 있다. 특히 모바일 기기나 PC 등 플랫폼의 경계를 넘어 사용자가 언제 어디서나 게임에 접근할 수 있는 환경을 제공한다는 점 역시 매력적이다. 다만 한계점도 있다. 아직 표준화 과정이 끝나지 않아 관련 노하우나 지식이 잘 알려져 있지 않고, 크로스 브라우징이나 성능과 관련된 문제가 남아 있기 때문이다.

이 책에서는 자바스크립트와 HTML5 게임 엔진으로 게임을 개발할 수 있는 Cocos2D JavaScript를 소개한다. 게임 엔진은 쉽게 말해 게임 개발을 돕는 도구다. 게임 개발에 관련된 라이브러리와 리소스를 편리하게 이용하고 관리할 수 있게 도와주므로 당연히 게임 엔진을 사용하면 사용하지 않을 때보다 훨씬 빠르고 안정적인 개발을 할 수 있으며, 적은 노력으로 높은 수준의 결과물을 거둘 수 있다.

Cocos2D는 아이폰용 게임 개발 프레임워크로 유명하다. 아이폰 앱스토어에 등록된 2D 게임 대부분이 Cocos2d for iPhone으로 만들어졌으며, 필자 역시 아이폰 게임을 개발하면서 Cocos2D를 처음 접했다. 게임 개발에 Cocos2D를 이용하면서 Cocos2D의 여러 가지 강점에 매료됐고 아이폰뿐 아니라 HTML5 게임 개발에도 활용하고자 한다. 그럼 이 Cocos2D가 대체 무엇이고 어떤 특징이 있는지 알아보자.

Cocos2D 소개

Cocos2D는 이름에서 알 수 있듯이 한마디로 2D 게임 개발 엔진이다. 처음에는 파이썬 기반의 오픈소스 게임 엔진으로 시작했다. 아르헨티나의 로스 코코스 지역에서 50명의 파이썬 개발자가 모여 컨퍼런스를 가진 것을 계기로 2008년 1월 6명의 개발자에 의해 오픈소스 게임 엔진으로 태어났다. 이후 아이폰, 안드로이드 등 다양한 플랫폼으로 포팅되고 있다.

Cocos2D의 특징

- 오픈소스이며 무료다.
- 예제가 다양하고 API가 간단해서 배우고 사용하기 쉽다.
- 게임 개발에 필요한 거의 모든 기능을 제공한다.
- 다양한 플랫폼 지원으로 어느 정도 크로스 플랫폼이 가능하다.
- 크고 친절한 관련 커뮤니티가 많이 활성화돼 있다.

[그림 1-1] Cocos2D 로고

Cocos2D의 종류

위의 Cocos2D의 특징에서도 언급했듯이 Cocos2D는 아이폰, 안드로이드 등 다양한 플랫폼을 지원한다. 이에 대한 상세한 내용은 다음과 같다.

종류	사용 언어	운영체제
Cocos2D-iphone	Objective-C	iOS
Cocos2D-x	C++	멀티 플랫폼
Cocos2D-android	자바	안드로이드
Cocos2D-javascript	자바스크립트	웹

Cocos2D JavaScript

이 책은 Cocos2D 프로젝트 가운데 자바스크립트를 사용한 게임 개발 엔진인 Cocos2D JavaScript를 소개한다. Cocos2D JavaScript의 가장 큰 특징은 결과물이 웹상에 HTML5 캔버스(Canvas)로 구현된다는 점이다. 이로써 위에서 언급한 HTML5의 장점을 그대로 게임 개발에 손쉽게 활용할 수 있다는 장점이 있다. 하지만 아직 정식 버전이 v0.1인 점에서도 알 수 있듯이 Cocos2d for iPhone에 비해 기능 구현이나 안정성 면에서 부족한 점을 드러내고 있다. 그럼에도 많은 사람의 기대 속에서 성장하고 있는 게임 엔진으로서 가까운 시일 안에 추가적인 다양한 기능과 iOS나 안드로이드 등 다양한 플랫폼의 네이티브 결과물도 생성할 수 있는 멋진 로드맵이 구성돼 있다.

Cocos2D JavaScript 시작하기

이제부터 본격적인 HTML5 게임 개발을 위해 Cocos2D JavaScript(이하 Cocos2D)를 내려받아 설치하는 방법을 알아보자. 이 글은 윈도우를 기준으로 썼지만 맥 OS X, 리눅스 등 다양한 운영체제에서도 어렵지 않게 설치할 수 있다.

Cocos2D 내려받기

Cocos2D는 Cocos2d 자바스크립트 홈페이지(http://cocos2d-javascript.org)에서 손쉽게 내려받을 수 있다. 먼저 홈페이지에 접속한 후 상단 메뉴 가운데 Downloads를 선택하면 각 운영체제와 버전별로 내려받을 수 있다. Cocos2D는 개발 환경으로 윈도우와 맥 OS X, 리눅스를 지원한다. Stable Releases를 내려받길 권장하며, 이 책에서는 윈도우 버전의 v0.2.0-beta3를 기준으로 한다.

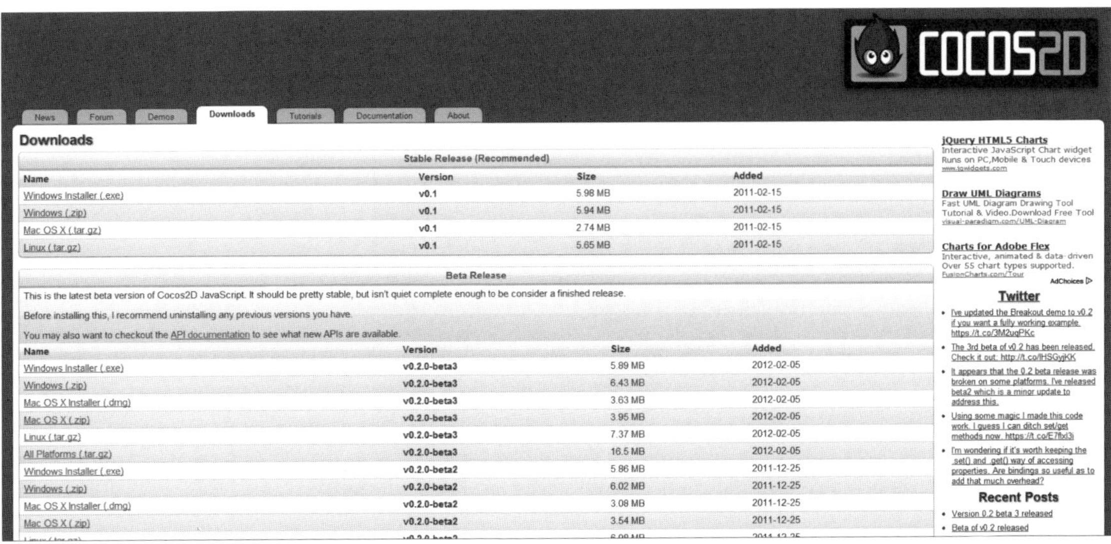

Downloads

Stable Release (Recommended)

Name	Version	Size	Added
Windows Installer (.exe)	v0.1	5.98 MB	2011-02-15
Windows (.zip)	v0.1	5.94 MB	2011-02-15
Mac OS X (.tar.gz)	v0.1	2.74 MB	2011-02-15
Linux (.tar.gz)	v0.1	5.65 MB	2011-02-15

Beta Release

This is the latest beta version of Cocos2D JavaScript. It should be pretty stable, but isn't quiet complete enough to be consider a finished release.

Before installing this, I recommend uninstalling any previous versions you have.

You may also want to checkout the API documentation to see what new APIs are available.

Name	Version	Size	Added
Windows Installer (.exe)	v0.2.0-beta3	5.89 MB	2012-02-05
Windows (.zip)	v0.2.0-beta3	6.43 MB	2012-02-05
Mac OS X Installer (.dmg)	v0.2.0-beta3	3.63 MB	2012-02-05
Mac OS X (.zip)	v0.2.0-beta3	3.95 MB	2012-02-05
Linux (.tar.gz)	v0.2.0-beta3	7.37 MB	2012-02-05
All Platforms (.tar.gz)	v0.2.0-beta3	16.5 MB	2012-02-05
Windows Installer (.exe)	v0.2.0-beta2	5.86 MB	2011-12-25
Windows (.zip)	v0.2.0-beta2	6.02 MB	2011-12-25
Mac OS X Installer (.dmg)	v0.2.0-beta2	3.08 MB	2011-12-25
Mac OS X (.zip)	v0.2.0-beta2	3.54 MB	2011-12-25

[그림 1-2] Cocos2D 내려받기

Cocos2D 설치

v0.2.0-beta3 버전의 Windows Installer(.exe)를 클릭하면 설치가 시작된다.
설치 마법사가 작동하면 Next 버튼을 누른다.

[그림 1-3] Cocos2D 설치

라이선스에 대해 읽어보고 동의하면 I Agree를 누른다.

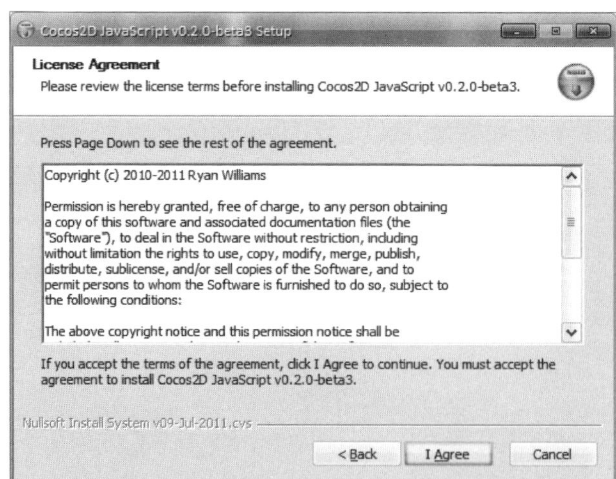

[그림 1-4] Cocos2D 설치

설치 경로를 입력하고 Install을 누르면 설치가 진행된다.

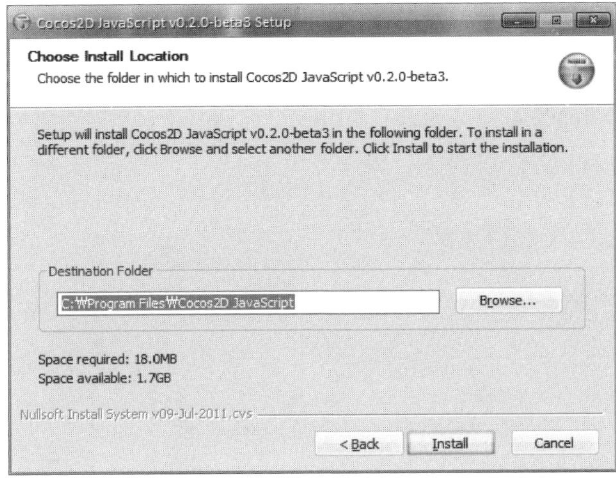

[그림 1-5] Cocos2D 설치

Finish를 누르면 Cocos2D 설치가 완료된다.

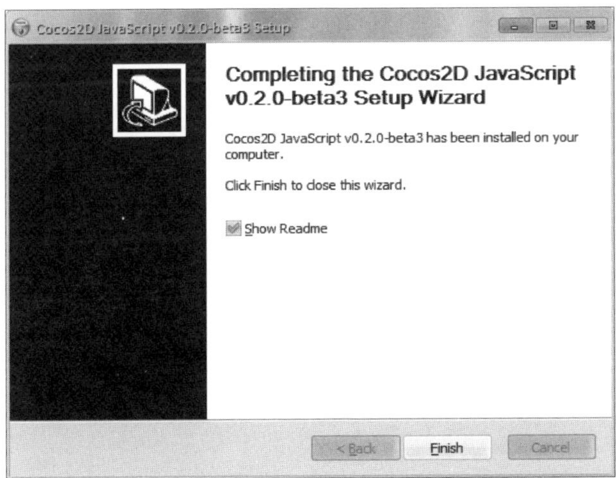

[그림 1-6] Cocos2D 설치 완료

맥 OS X나 리눅스 환경에서의 설치

Node.js나 npm을 사용하고 있다면 다음 명령어를 이용해 설치한다.

```
npm install cocos2d
```

Node.js나 npm을 사용하고 있지 않으면 ZIP 형태의 설치 파일을 내려받아 압축을 푼 후 터미널에서 다음과 같이 실행한다.

```
sudo ./install.sh
```

개발 도구

개발 도구는 자신에게 가장 익숙한 편집기를 사용하면 된다. 취향에 따라 에디트 플러스(EditPlus)나 드림위버(Dreamweaver) 또는 메모장도 좋다. 개인적으로는 메모장 같은 간단한 편집기보다는 기능이 다양한 편집기를 사용하길 바란다. 무료로 사용할 수 있는 도구로는 이클립스를 추천한다. 필자 역시 주로 이클립스를 사용하며, 다음 URL에서 Eclipse IDE for JavaScript Web Developers를 내려받을 수 있다.

```
http://www.eclipse.org/downloads/
```

테스트 환경

작성한 코드를 테스트할 테스트 환경 역시 일반화할 수는 없다. 각자의 여건과 사정에 맞춰 준비하면 된다. HTML5를 잘 지원하는 브라우저라면 크롬, 사파리, 오페라, 파이어폭스, IE9 등 무엇이든 관계없다. 필자는 주로 크롬에서 테스트한다. 단, 아직 표준화가 완료되지 않았다는 점을 고려해 다양한 브라우저에서 테스팅하는 것이 좋다. 또 요즘 많이 사용하는 아이폰이나 안드로이드폰 같은 모바일 기기가 있어도 좋다. 모바일 기기를 준비할 수 없다면 프로그램 개발을 위해 제공되는 시뮬레이터를 이용하거나 TestiPhone.com(http://testiphone.com) 또는 iBBDemo2(http://ibbdemo2.googlecode.com/files/iBBDemo2.air) 같은 시뮬레이터를 이용해도 좋다. TestiPhone은 자체 브라우저 엔진을 탑재하지 않으므로 사파리와 같은 웹킷 기반 브라우저에서 실행해야 하며, iBBDemo2는 Adobe Air(http://airdownload.adobe.com/air/win/download/2.6/AdobeAIRInstaller.exe)를 설치해야 이용할 수 있다.

버전 관련 문제

이 책은 v0.2.0-beta3를 기준으로 한다. 글을 작성하고 있는 현재 Stable Release는 v0.1이고 상위 버전인 v0.2.0-rc1까지 나온 상태다. v0.2.0-beta3와 v0.2.0-rc1은 구조나 문법은 그대로이며, 성능 향상과 TMX Map이나 아이폰, 아이패드, 안드로이드 지원, Box2D와 칩멍크(Chipmunk) 같은 물리 엔진 연동에 관한 부분이 업데이트됐으므로 최신 버전인 v0.2.0-rc1을 설치해서 학습해도 무방하다. 하지만 앞으로 버전업에 따라 문법이나 폴더 또는 파일 구조가 바뀌는 일이 발생할 수 있다. 나중에 v0.3이나 v1.0 등으로 버전이 올라가면 책의 내용이 최신 Cocos2D와 다를 수 있지만 대부분 개념은 바뀌지 않고 문법이 바뀌거나 개발자와 거의 상관없는 프로젝트 랩핑 구조가 바뀔 터이므로 걱정할 필요는 없다. 핵심 개념은 거의 바뀌지 않으므로 개념과 사용법을 정확하게 숙지하면 나중에 버전이 바뀌더라도 관련 문서만 읽어본다면 어렵지 않게 적응할 수 있을 것이다. 이런 버전과 관련된 관련 문제는 Cocos2D JavaScript 공식 웹사이트나 저자가 운영하는 HTML5 오픈 커뮤니티를 참고하면 도움될 것이다. 특히 관련 질문을 저자가 운영하는 커뮤니티에 올리면 최대한 성실하게 도와줄 것을 약속한다.

Cocos2D JavaScript

http://cocos2d-javascript.org

HTML5 오픈 커뮤니티

http://www.htmlfive.co.kr

02

Cocos2D의
기본 개념

이번 장에서는 Cocos2D로 게임을 개발할 때 반드시 알아야 할 기본 개념을 소개한다. 이 기본 개념은 Cocos2D JavaScript뿐 아니라 cocos2d for iPhone 등 전반적인 Cocos2D 프로젝트에 해당하는 개념으로, 나중에 다른 언어로 된 다른 플랫폼용 Cocos2D로 개발할 때도 유용하게 활용할 수 있다.

Cocos2D는 Director를 중심으로 Scene, Layer로 이어지는 계층구조로 구성돼 있다. 또 Layer는 Sprite, Menu, Label 등의 요소를 포함할 수 있다. Director를 제외한 Scene, Layer, Sprite 등은 Nodes의 서브클래스로 임의로 변형할 수 있을 뿐더러 크기 조정, 투명도 조정 등 Action을 적용할 수도 있다.

일반적인 게임을 예로 들어 구조를 설명하자면 그림 2-1과 같다.

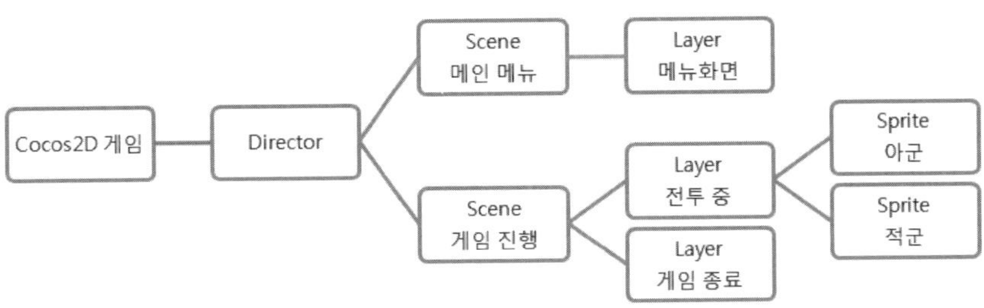

[**그림 2-1**] Cocos2D의 계층구조

처음 게임을 실행하면 메뉴 화면이 보인다. 보통 메뉴 화면은 이미지와 텍스트로 구성돼 있는데, Cocos2D에서 이런 이미지를 표현하는 것이 Sprite이고 텍스트를 표현하는 것이 Label이다. 하지만 이러한 Sprite나 Label을 무턱대고 아무 데나 출력할 수는 없다. 그림을 그릴 때 하얀 도화지 위에 그림을 그리는 것처럼 Cocos2D 역시 Layer라는 도화지 위에만 그림을 그릴 수 있다. 그림 2-1을 보면 아군 Sprite와 적군 Sprite를 Layer에 그려야만 사용자의 눈에 보이므로 전투 중 Layer의 하위 요소로 표현된 것이다. 이런 Layer는 여러 개의 하위 요소를 가질 수 있으며, Layer의 상위 요소는 Scene이다. Layer가 한 장의 도화지라고 생각했을 때 Scene은 이런 도화지가 여러 장 모인 스케치북이라고 생각하면 쉽다. Scene 역시 하위 요소로 여러 개의 Layer를 가질 수 있는데, 이런 Scene을 통해 게임의 흐름을 구성한다. 메인 메뉴를 보여줄 때는 메인 메뉴 Scene, 게임을 진행할 때는 게임 진행 Scene과 같이 말이다. 결국 이런 Scene이 모여 하나의 게임이 되는데, 이러한 Scene의 흐름을 제어하고 사용자에게 어떤 Scene을 보여줄 것인가를 제어하는 것이 바로 Director 다. 그럼 각 컴포넌트에 관해 조금 더 자세히 알아보자.

Director

Director는 애플리케이션에 하나만 존재하는 개체로 사용자에게 실제로 보이는 메인 뷰를 생성/관리하며, Scene을 언제 어떻게 움직일지 제어한다. 또 Director는 현재 어떤 Scene이 활성화돼 있는지 알고 있으며, 다른 Scene으로 이동할 때 활성화된 Scene을 잠시 멈춰서 스택에 넣은 후 다른 Scene을 실행하기도 하고, 스택에 넣어두었던 Scene으로 돌아가기 위해 Scene 스택을 핸들링할 수 있다. Director는 실제 Scene을 변경할 수 있는 유일한 객체이며 메인 뷰의 초기화도 처리한다. 그림 2-1의 계층구조로 다시 설명하면 최초 Cocos2D 게임이 실행되면 Director가 메인 뷰를 초기화하고, 메인 메뉴 Scene을 메인 뷰에 위치시킨다. 이렇게 되면 사용자에게는 메인 메뉴 Scene이 보인다. 여기서 사용자가 여러 가지 메뉴 버튼 중 시작 버튼을 누르면 Director는 메인 메뉴 Scene 대신 게임 진행 Scene을 메인 뷰에 위치시켜 게임 진행 Scene을 사용자에게 보이게 한다.

Scene

Scene을 흔히 사용자가 보는 멈춰진 한 장면으로 생각하기 쉬운데 그보다는 영화에서의 Scene처럼 일정한 흐름을 정의하는 단위로 생각하는 게 좋다. 키스씬이 키스를 시작해서 끝낼 때까지의 여러 장의 스틸컷 사진을 연결한 형태인 것처럼 말이다. Scene은 게임의 흐름에 따라 각 Scene을 구분할 수 있는 단위로 활용하면 좋다. 예를 들어 다음과 같은 Scene이 있다고 하자.

- **Intro**: 게임을 시작하자마자 게임에 대한 영상을 보여주는 Scene
- **Menu**: 게임을 시작할 것인지 종료할 것인지 결정하는 Scene
- **Level1**: 실제 게임이 진행되는 낮은 난이도의 스테이지 Scene
- **Level2**: 높은 난이도의 스테이지 Scene

각 Scene이 위와 같다고 가정했을 때 게임을 진행하는 Level1 Scene 도중에 게임에 대한 영상을 보여주는 Intro Scene이 개입할 여지가 없다. 만약 개입한다면 게임 진행 도중에 게임 소개 영상이 나오는 혼란스러운 게임이 될 것이다. 이처럼 게임에서 독립적으로 활동하는 흐름을 각 Scene으로 잘 구분하면 구조적으로 프로젝트를 관리할 수 있다. 처음 게임을 설계할 때 이런 Scene의 개념을 충분히 활용해 게임 로직을 구성한다면 조금 더 손쉽게 게임을 만드는 지름길이 될 것이다.

Scene은 하나 이상의 Layer로 구성되며, 각 Layer가 층층이 쌓인 형태를 이룬다. Layer는 화면에 형태(appearance)와 동작(behavior)을 제공한다. 이에 대해서는 뒤의 Layer에서 자세히 알아보자.

또 Transitions을 이용해 두 Scene 사이의 화면 전환을 할 때 Fade in / Out이나 닦아내기 등의 애니메이션 효과를 줄 수도 있다.

Layers

Layer는 쉽게 말해 무엇이든 그릴 수 있는 도화지와 같고 화면 영역의 전체 크기를 가질 수 있다. 실질적인 Cocos2D 프로그래밍 대부분이 이 Layer에서 이뤄진다. Layer는 반투명 여부나 다른 Layer와 어떻게 겹쳐지고 보일지 등의 정보를 가지고 있으며 형태와 행동을 정의할 수 있다. 행동이란 Layer에서 키보드나 마우스 입력을 감지하는 이벤트 핸들러를 정의하거나 Layer 사이에 이벤트를 받거나 전달하는 것을 말한다. 또 Layer에는 Sprite, Label, Layer 등을 추가할 수 있으며, Action도 적용할 수 있다.

그림 2-2처럼 배경 그림이 그려진 배경화면 Layer 위에 주인공이 그려진 Animation Layer와 메뉴를 구성하는 Menu Layer를 서로 겹쳐 각 Sprite, Label 등을 관리할 수 있다.

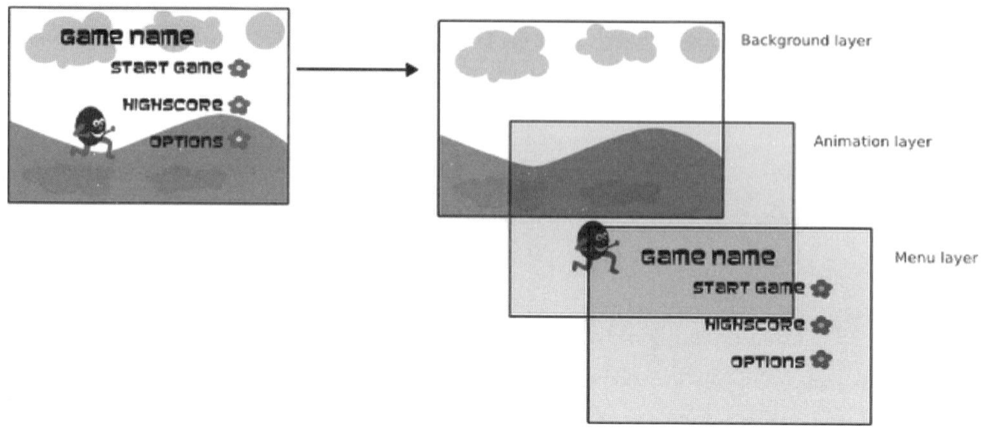

[그림 2-2] Scene과 Layer

Sprite

Sprite는 주인공이나 적 캐릭터를 생각하면 쉽게 이해할 수 있다. 이미지라고 하면 정지 상태의 이미지를 생각하기 쉬운데 애니메이션 되는 이미지도 Sprite라고 할 수 있다. 한 차례 출력하고 나면 날아가는 휘발적인 개념이 아니라 지속해서 위치를 이동시키고 충돌 범위를 가져오는 등 객체로 활용할 수 있다. 그뿐만 아니라 이동, 회전, 크기 조정, 색상 변화, 애니메이션 등을 통해 다양한 표현을 할 수 있는 Sprite는 다른 Sprite를 자식으로 가질 수 있으며, 부모가 변화하면 모든 자식 Sprite도 함께 변화한다. 이러한 부모 자식 관계를 이용해 주인공과 이름을 묶어서 함께 움직이는 등의 동작에 활용할 수 있다. 그림 2-3에서는 캐릭터와 이름이 묶여서 함께 움직이는 모습을 볼 수 있다.

[그림 2-3] Sprite

Action

Action은 Sprite나 Label 등 Nodes의 하위 클래스의 속성 중 위치나 방향, 크기 등의 속성을 수정할 수 있다. 예를 들어, MoveBy는 일정 시간 동안 원하는 만큼 위치를 이동시킬 수 있다. 이를 이용하면 캐릭터의 행동이나 배경 스크롤 등을 손쉽게 구현할 수 있다. 또 Action을 통해 함수도 호출할 수 있으며, 여러 개의 Action이 연결된 순차적이거나 반복적인 Action을 구성할 수 있어서 다양하게 구현할 수 있다. 예를 들어, 적이 총알을 발사하고 총알이 일정 거리를 이동하면 자동으로 삭제하는 동작도 Action을 통해 구현할 수 있다.

03
Hello, World!

이번에는 개발의 첫걸음이라고 할 수 있는, 이름만 들어도 가슴이 두근거리는 HelloWorld 프로젝트를 만들고 프로젝트 구조를 살펴본 후 결과를 직접 확인해 보자.

HelloWorld 프로젝트 생성

Cocos2D 설치를 완료하면 윈도우 메뉴에 Cocos2D JavaScript가 생성된다. 시작 – Cocos2D JavaScript – Create new project를 실행한다.

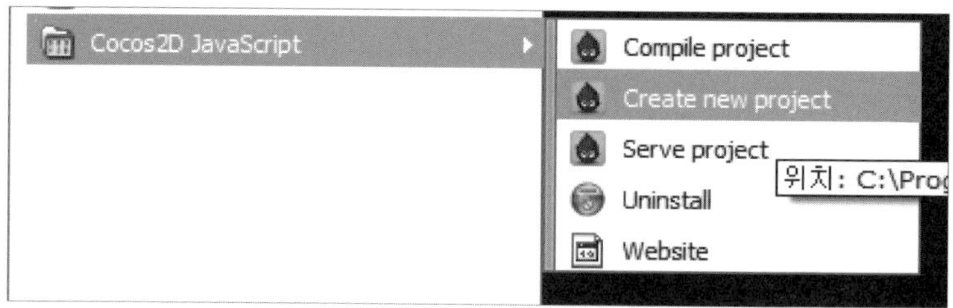

[그림 3-1] Create new project 실행

폴더 찾아보기 창이 나타나면 프로젝트를 생성할 위치를 지정해 원하는 위치에 프로젝트를 생성한다. 필자는 바탕화면에 HelloWorld 프로젝트를 만들었다. 프로젝트를 생성할 때 한글 이름을 쓰면 오류가 발생할 수 있으므로, 가급적 프로젝트 이름으로 한글은 사용하지 않는 편이 좋다.

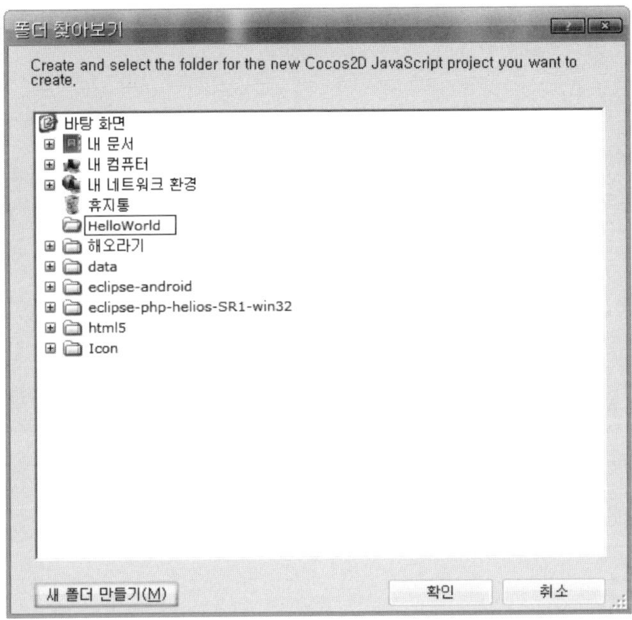

[그림 3-2] 폴더 찾아보기

생성할 폴더를 지정하면 해당 위치에 그림 3-3과 같이 프로젝트가 만들어진다.

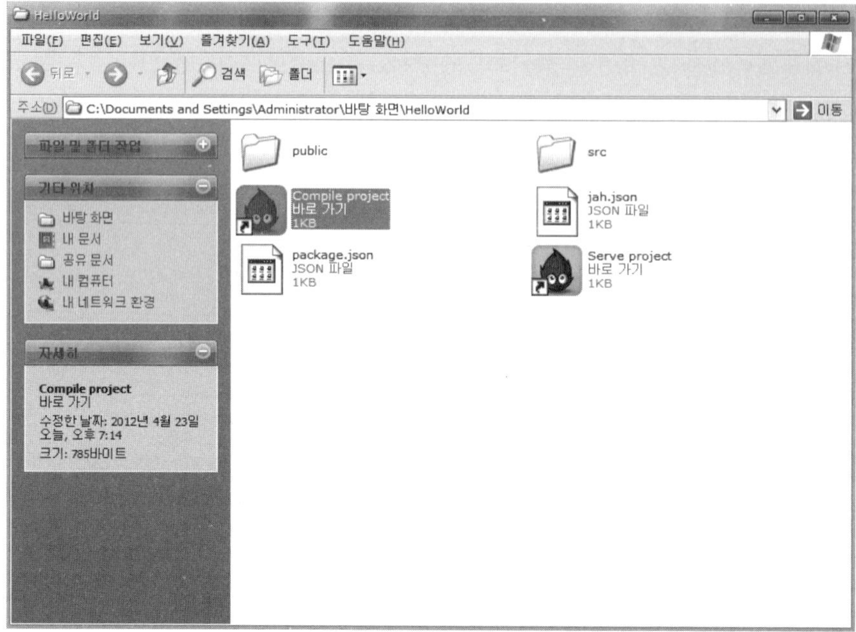

[그림 3-3] HelloWorld 프로젝트

프로젝트의 구조

프로젝트의 내용을 전체적으로 살펴보면 다음과 같다.

    /Compile project 바로가기
    /Serve project 바로가기
    /jah.json
    /package.json
    /public/index.html.template
    /src/main.js

Serve project 바로가기는 프로젝트를 실행할 때 사용하며, Compile project 바로가기는 프로젝트를 컴파일해 배포할 때 사용한다. 이에 대한 상세한 내용은 3. 3절 "HelloWorld 실행하기"에서 다루겠다.

jah.json과 package.json은 설정 파일로, 이 파일의 설정에 따라 사용자가 제어하는 핵심 코드인 main.js와 캔버스를 감싸는 HTML 컨테이너 템플릿인 index. html.template이 Serve project나 Compile project를 거쳐 결과물을 생성한다. 파일별로 조금 더 자세히 알아보면 다음과 같다.

jah.json

프로젝트 폴더의 jah.json 파일을 열어보면 다음과 같다.

```
{ "jahProject": { "version": "0.2.0" }
, "libs": ["cocos2d"]
 }
```

jah는 Cocos2D에서 사용하는 라이브러리 중 하나로 CommonJS 모듈 시스템을 사용해 간단하게 Node.js를 사용하는 웹 기반 애플리케이션을 구축할 수 있게 돕는다. jah.json은 jah 라이브러리의 설정 파일이다. 내용을 보면 쉽게 알 수 있듯이 libs에는 cocos2d를 사용한다는 정보가 있고 version에는 사용자의 개발 환경에 설치한 Cocos2D의 버전이 나온다. 보통 이 파일을 수정할 일은 없다.

package.json

프로젝트 폴더의 package.json 파일을 열어보면 다음과 같다.

```
{
❶      "name": "Hello World",
❷      "author": "",
❸      "description": "",
❹      "version": "0.0.1",
❺      "homepage": "",
```

```
❻      "engines": {
         "node": ">= 0.4.0"
    },

❼      "repository": {
    },

❽      "dependencies": {
         "jah": "~0.2.0",
         "cocos2d": "~0.2.0-beta3"
    }
}
```

package.json은 Node.js를 사용하는 npm 모듈을 관리할 때 쓰는 설정 파일로, 각 항목을 차례로 살펴보면 다음과 같다. 일반적인 사용자는 1~5번만 정의하면 되고 git 등의 프로젝트 도구를 사용할 때는 7번도 작성한다.

❶ Cocos2D 게임 프로젝트의 이름을 정의한다.

❷ 개발자 또는 개발사를 정의한다.

❸ 프로젝트에 대한 설명을 정의한다.

❹ 프로젝트의 현재 버전을 정의한다.

❺ 프로젝트의 홈페이지를 정의한다.

❻ Node.js의 버전으로 0.4 버전을 사용한다.

❼ 프로젝트의 저장소를 지정할 수 있으며, 다음과 같이 활용한다.

```
"repository": { "type" : "git",
       "url" : "https://github.com/ryanwilliams/cocos2d-javascript.git"},
```

❽ 프로젝트가 의존하는 라이브러리 목록이다.

main.js

main.js는 개발자가 작성된 프로그램 코드가 들어가는 파일로서 HelloWorld 프로젝트의 핵심을 담고 있다. 생성된 프로젝트 폴더의 src 폴더의 main.js 파일을 열어 살펴보자.

```
❶ "use strict"  // 자바스크립트의 strict 모드 사용

// Pull in the modules we're going to use
❷ var cocos  = require('Cocos2D')   // Cocos2D 모듈 사용 선언
 , nodes  = cocos.nodes              // 'nodes'를 편리하게 사용하기 위한 선언
 , events = require('events')        // events 모듈 사용 선언
 , geo    = require('geometry')      // geometry 모듈 사용 선언
 , ccp    = geo.ccp                  // ccp 메소드를 편리하게 사용하기 위한 선언

❸ // 생성자에 쉽게 접근하기 위한 선언
 var Layer     = nodes.Layer
 , Scene     = nodes.Scene
 , Label     = nodes.Label
 , Director = cocos.Director

/**
 * 사용자가 지정한 프로젝트의 이름으로 생성한 Layer
 *  cocos.nodes.Layer를 상속받는다. */
❹ function HelloWorld () {
     // 반드시 호출해줘야 하는 슈퍼클래스 생성자.
❺    HelloWorld.superclass.constructor.call(this)

     // 화면의 크기를 가져온다
❻    var s = Director.sharedDirector.winSize

     // Label을 생성한다.
❼    var label = new Label({ string:  'Hello World'
                          , fontName: 'Arial'
                          , fontSize: 76
                          })
```

```javascript
        // Label을 화면의 정중앙에 위치시킨다.
❽    label.position = ccp(s.width / 2, s.height / 2)

        // Label을 이 Layer에 추가한다.
❾    this.addChild(label)
}


// cocos.nodes.Layer로부터 상속 받을 내용을 적는다.
❿ HelloWorld.inherit(Layer)


/**
 * 게임 애플리케이션의 실제 시작 지점*/
⓫ function main () {
        // 게임 애플리케이션의 초기 설정
        // Director 개체를 가져온다.
⓬    var director = Director.sharedDirector


        // Director가 게임에서 사용할 리소스 자원을 사전에 불러온 후에 실행
⓭    events.addListener(director, 'ready', function (director) {
        // Scene과 Layer 생성
⓮      var scene = new Scene()
        , layer = new HelloWorld()

        // 방금 만든 Scene에 Layer 추가
        scene.addChild(layer)

        //Scene 실행
        director.replaceScene(scene)
    })

        // 사용할 리소스 자원을 사전에 불러온다.
⓯    director.runPreloadScene()
}


exports.main = main
```

❶ strict mode를 사용해 var 키워드 없이 변수가 전역 변수로 사용되는 것을 막는다.

❷ box2d 등 다른 모듈을 활용할 때는 이곳에 프로젝트에서 사용할 모듈을 추가한다.

❸ 각 생성자에 접근하기 편리하게 변수를 선언한다. 이 부분에 선언하지 않으면 var label = new Label을 var label = new nodes.Label처럼 각 생성자를 다소 불편하게 호출해야 한다.

❹ 이름이 HelloWorld인 Layer를 선언하는 부분이며, 해당 애플리케이션에서는 최초로 실행되는 레이어로서 애플리케이션을 실질적으로 제어하는 곳이다.

❺ 상위 클래스 생성자를 호출하는 부분으로 꼭 실행해야 한다. 상위 클래스의 역할은 쉽게 생각하면 키보드나 마우스 입력 같은 이벤트를 감지할 수 있게 하는 것이다.

❻ 그림이 그려질 캔버스의 크기를 측정해 s에 저장한다. s.width는 가로 크기, s.height는 세로 크기를 나타낸다.

❼ 내용이 Hello World이고 Arial 폰트의, 크기가 76인 Label을 생성한다.

❽ 생성한 Label을 캔버스의 중앙에 위치시킨다.

❾ 방금 생성한 Label이 화면에 보이도록 HelloWorld Layer에 추가한다.

❿ HelloWorld가 cocos.nodes.Layer로부터 상속받게 한다.

⓫ 애플리케이션의 시작 부분이다.

⓬ 애플리케이션에 공유되는 director를 얻는다.

⓭ 사전 불러오기가 끝나고 director가 준비되면 실행되도록 이벤트 리스너를 추가한다.

⓮ 새로운 Scene과 새로운 HelloWorld Layer를 생성하고 scene.addChild(layer)를 이용해 Scene에 HelloWorld Layer를 추가한 뒤 director.replaceScene(scene)을 이용해 Scene을 실행한다.

⓯ 애플리케이션에서 사용할 리소스를 사전에 불러온다. exports.main = main은 애플리케이션의 시작점을 main 함수로 지정한다는 의미다.

흐름을 따라 살펴보면 ❶, ❷, ❸, ❹, ❿ 순서로 실행되며 애플리케이션에 대한 각종 선언이 이뤄지고 난 후 코드 마지막의 exports.main = main에서 애플리케이션의 시작 지점이 main()으로 설정되어 ⓫이 실행된다. 애플리케이션이 본격적으로 시작되면 Scene을 실행해야 하는데 앞에서도 설명했듯이 Scene을 실행하는 역할을 Director가 수행하므로 ⓬에서 Director를 얻어 ⓯에서 사전 리소스를 불러오기 시작한다. 사전 불러오기가 종료되고 준비가 완료되면 실행하기로 했던 부분인 ⓭이 호출되며 새로운 Scene과 Layer를 생성한다. Layer를 생성하는 부분에서 ❹가 호출되며, 이 부분에서 Layer에 Label을 추가하고 이 Layer를 다시 Scene에 추가해서 실행하는 식이다.

복잡해 보이지만 코드를 한 줄 한 줄 따라가 보면 복잡하지 않으며, 보통 Cocos2D 프로젝트는 이런 흐름이 반복되므로 한 번만 제대로 이해하면 다른 프로젝트 역시 쉽게 흐름을 이해할 수 있다.

index.html.template

이번에는 public 폴더의 index.html.template 파일을 열어보자.

```
<!doctype html>
<html>
  <head>
      <meta http-equiv="Content-Type" content="text/html;
                      charset=utf-8">
❶    <title>Hello World</title>
      <style type="text/css" media="screen">
❷          body {
              font-family: Helvetica, Arial, sans-serif;
              font-size: 10pt;
              background: #ddd;
          }
❸          h1 {
              text-align: center;
              text-shadow: 0 2px 1px #fff;
          }
❹          .cocos2d-app {
              border: 1px solid #000;
              width: 640px;
              height: 480px;
              display: block;
              margin: 0 auto;
              -webkit-box-shadow: 0 3px 10px rgba(0, 0, 0, 0.75);
```

```
            -moz-box-shadow:      0 3px 10px rgba(0, 0, 0, 0.75);
            -o-box-shadow:        0 3px 10px rgba(0, 0, 0, 0.75);
            box-shadow:           0 3px 10px rgba(0, 0, 0, 0.75);
        }
        </style>
    </head>
    <body>
❺      <h1>Hello World</h1>
        <div class="cocos2d-app">
❻          Loading Hello World...
           ${scripts}
        </div>
    </body>
</html>
```

프로젝트를 실행해보면 실제 Cocos2D 프로젝트는 HTML 문서 내부의 Cocos2D-app div에서만 실행된다. 이러한 Cocos2D-app div를 감싸는 HTML 문서에 대한 템플릿 파일이 바로 index.html.template이다.

❶ 브라우저 윗부분에 나타나는 애플리케이션의 제목을 지정.

❷ body 부분에 사용할 font 종류, 크기와 배경색을 지정.

❸ 애플리케이션 제목 영역의 정렬과 텍스트 그림자를 지정.

❹ Cocos2D-app 영역의 크기와 테두리 등을 지정.

❺ 애플리케이션 제목 영역에 출력할 내용을 지정.

❻ 애플리케이션 로딩 시 출력할 메시지를 지정.

HTML과 CSS를 충분히 이해하고 있다면 파비콘을 추가하거나 배경 색상을 바꾸고 이미지 메뉴를 만드는 등 index.html을 입맛에 맞게 수정할 수 있다. HTML에 대한 기초적인 지식이 없는 사람을 위해 위 내용에 대해 조금 더 상세히 알아보자. HTML을 다룰 줄 아는 사람은 바로 3.3절, "HelloWorld 실행하기"로 넘어가면 된다.

기본적인 HTML5 문서

기본적으로 HTML5 문서의 형태는 다음과 같다.

```
<!DOCTYPE html>
<html>
  <head>
    <title>테스트 페이지</title>
  </head>
  <body>
    <h1>테스트 페이지</h1>
    <p>이 책은 <a href="http://www.wikibook.co.kr">위키북스</a>에서 출판합니다.</p>
  </body>
</html>
```

HTML5 문서는 트리 구조로 요소와 텍스트로 구성된다. 각 요소는 시작 태그와 끝 태그로 구분한다. 예를 들어, h1은 <h1>이 시작 태그이고 </h1>이 끝 태그다. 하지만 이는 절대적인 것은 아니며 특정 상황에서 특정 태그가 생략될 때도 있다. 이런 요소는 서로 올바른 포함 관계를 가져야 한다.

예를 들어 다음 코드는 <em> 요소와 <strong> 요소 사이에 포함 관계가 얽혀 있으므로 잘못된 표현이다.

```
<p> 나는 <em>정말 <strong>최고</em>다</strong></p>
```

또한 요소는 요소가 동작하는 방법을 제어하는 속성을 가질 수 있다.

```
<a href="http://www.wikibook.co.kr">위키북스</a>
```

위 〈a〉 태그를 살펴보면 〈a〉 요소의 속성인 href를 이용해 하이퍼링크를 만들었다. 속성은 시작 태그에 포함되며 이름과 값의 쌍으로 구성된다. 이름과 값은 =로 구분하며, 속성의 값이 아무런 특수 문자도 포함하지 않으면 따옴표로 감싸지 않아도 되지만 특수 문자를 포함한다면 작은따옴표나 큰따옴표로 값을 감싸야 한다. 속성의 값이 비었을 때는 =과 속성값을 생략할 수 있다. 예를 들면, 다음과 같다.

```
<input name=phone disabled>
<input name=phone disabled="">

<input name=phone maxlength=200>
<input name=phone maxlength='200'>
<input name=phone maxlength="200">
```

이러한 DOM(문서 객체 모델) 트리의 최상위 요소는 〈html〉 요소다. 〈html〉 요소는 항상 최상위에 존재하며, 〈head〉 요소와 〈body〉 요소를 포함한다.

〈head〉 요소는 웹 브라우저의 제목을 지정하는 〈title〉 요소를 포함하며, 보통 〈script〉 요소나 〈link〉 요소 등을 포함한다. 〈body〉 요소 역시 여러 요소를 가질 수 있으며 위 예제에서는 〈h1〉 요소와 〈p〉 요소를 포함하고 있다.

이러한 DOM 트리는 스크립트를 이용해 동적으로 제어할 수도 있다. 각 요소는 객체로 존재하고 API를 통해 제어할 수 있다. 예를 들어, 위 〈a〉 요소의 href 속성 또는 다른 속성을 동적으로 변경할 수 있다.

〈html〉 요소

〈html〉 요소는 HTML 문서의 최상위를 나타내며, manifest 속성은 문서가 로드되는 초기에만 영향을 끼치므로 이 속성을 동적으로 변경해도 아무런 영향을 끼치지 못한다. 〈html〉 요소는 〈head〉 요소와 〈body〉 요소를 포함한다.

속성

속성	값	설명
manifest	URL	오프라인 브라우징을 위한 문서의 캐시 메니페스트 주소 지정
xmlns	http://www.w3.org/1999/xhtml	XML 네임 스페이스 속성을 지정

〈head〉 요소

〈head〉 요소는 HTML 문서에서 사용할 메타데이터의 집합이다. 메타데이터란 데이터에 관한 구조화된 데이터로 쉽게 말해 다른 데이터를 설명하는 데이터다. 예를 들어, 검색 엔진에서 사용할 키워드와 콘텐츠 타입 등을 지정할 수 있다.

〈head〉 요소는 〈title〉, 〈style〉, 〈base〉, 〈link〉, 〈meta〉, 〈script〉, 〈noscript〉, 〈command〉 요소를 가질 수 있다.

```
<!DOCTYPE html>
<html>
<head>
    <meta charset="UTF-8">
    <title>내가 타이틀</title>
    <link rel="stylesheet" href="default.css">
    <script src="support.js"></script>
    <meta name="애플리케이션 이름" content="head 요소 테스트 애플리케이션">
</head>
<body>
</body>
</html>
```

이처럼 문서의 인코딩을 지정하거나 타이틀을 설정하고 외부 스타일 파일이나 스크립트 파일을 연결한다.

〈title〉 요소

〈title〉 요소는 문서의 제목을 나타내며, 즐겨찾기나 검색 엔진에서도 사용될 수 있게 문서 외부에서도 식별할 수 있어야 한다. 〈title〉 요소는 하나의 문서에 하나만 있을 수 있으며 보통 브라우저의 툴바에 표시된다.

〈link〉 요소

〈link〉 요소는 다른 리소스와의 연결을 만든다. 흔히 css 스타일시트와의 연결에 가장 많이 사용되며 필수 속성인 rel 속성으로 연결 관계를 설정할 수 있다.

속성	값	설명
href	URL	링크할 문서의 위치
hreflang	언어 코드	링크할 문서의 언어 지정
media	미디어 쿼리	사용할 미디어 지정
rel	alternate archives author bookmark external first help icon last licence next nofollow noreferrer pingback prefetch prev search sidebar stylesheet tag up	현재 문서와 연결할 문서 사이의 관계를 지정.
type	MIME 종류	링크할 문서의 MIME 형식 지정

〈meta〉 요소

〈meta〉 요소는 〈title〉, 〈base〉, 〈link〉, 〈style〉, 〈script〉 요소로 표현할 수 없는 다양한 메타데이터 정보를 지정할 수 있다. 하나의 〈meta〉 요소에는 name, http-equiv, charset 속성 가운데 하나만 쓸 수 있으며, name 또는 http-equiv 속성을 썼다면 content 속성도 반드시 사용해야 한다. 반대로 name 또는 http-equiv 속성을 쓰지 않았다면 content 속성은 반드시 생략해야 한다.

속성

속성	값	설명
charset	인코딩 종류	문서의 문자 인코딩 지정
content	텍스트	http-equiv 또는 name 속성과의 연관 값 지정
http-equiv	content-type default-style refresh	content 속성에 대한 HTTP 헤더 지정
name	application-name author description generator keywords	메타데이터의 이름 지정

[예제 3-1] 검색 엔진에서 검색할 키워드 지정

```
<meta name="keywords" content="HTML, JavaScript, Game" />
```

[예제 3-2] 웹 페이지에 대한 설명 지정

```
<meta name="description" content="HTML5로 게임 만들기" />
```

[예제 3-3] 최종 수정일을 지정

```
<meta name="revised" content="Phc, 23/04/2012" />
```

[예제 3-4] 30초마다 페이지 새로고침

```
<meta http-equiv="refresh" content="30" />
```

⟨style⟩ 요소

⟨style⟩ 요소로 스타일 정보를 문서에 적용할 수 있다. 외부 스타일시트를 연결할
때는 ⟨link⟩ 요소를 사용하며, CSS로 스타일을 지정한다.

속성

속성	값	설명
type	text/css	스타일 시트의 MIME 타입을 지정
media	미디어 쿼리	사용할 미디어 지정. 기본값은 'all'
scoped	scoped	참과 거짓을 가지는 속성으로 true로 지정하면 전체 문서가 아닌 자신의 부모 요소에 속하는 요소에만 스타일이 지정됨.

⟨script⟩ 요소

⟨script⟩ 요소로 동적인 스크립트와 데이터를 문서에 포함할 수 있다. 스크립트
를 ⟨script⟩ 요소의 시작 태그와 끝 태그 사이에 추가하거나 src 속성을 이용해 외
부 파일을 가져올 수도 있다. 스크립트 언어가 "text/javascript"가 아니면 지정
된 type 속성을 반드시 사용해야 한다. async 속성과 defer 속성으로 3가지 모드
를 선택할 수 있으며, src 속성이 없을 때는 async 속성과 defer 속성을 사용할
수 없다. async 속성이 있다면 스크립트는 가능한 한 즉시 비동기적으로 실행되
며 async 속성이 없고 defer 속성이 있다면 스크립트는 페이지의 파싱이 완료된
후 실행된다. 아무것도 없다면 자원을 가져온 즉시 페이지의 파싱을 멈추고 스크
립트를 실행한다. async 속성을 사용했어도 defer 속성을 사용할 수 있으며, 이는
defer만 지원하는 구형 웹 브라우저가 기본값인 동기적 차단을 하는 대신 defer
를 따르게 하기 위해서다.

속성

속성	값	설명
async	async	외부 스크립트를 비동기적으로 실행하도록 지정
defer	defer	구문 분석 완료 후 스크립트 실행
type	MIME 종류	스크립트의 MIME 형식을 지정. 기본값은 "text/javascript"
charset	인코딩 종류	외부 스크립트의 인코딩을 지정
src	URL	외부 스크립트의 위치를 지정

⟨noscript⟩ 요소

noscript 요소는 스크립트가 활성화됐을 때는 아무것도 나타내지 않다가 스크립트가 비활성화되었을 때만 자신의 자식 요소를 나타낸다. 이는 문서의 파싱 방법에 영향을 미침으로써 스크립트를 지원하는 사용자와 스크립트를 지원하지 않는 사용자에게 서로 다른 마크업을 제공하는 데 사용하며, ⟨head⟩ 요소의 외부에서도 사용할 수 있다. 브라우저의 설정에서 자바스크립트 사용을 금지한 후 아래 코드를 실행하면 "자바스크립트가 안돼요!"라는 메시지가 화면에 출력된다.

```
<script type="text/javascript">
document.write("Hello World!")
</script>
<noscript>자바스크립트가 안돼요!</noscript>
```

⟨body⟩ 요소

⟨body⟩ 요소는 문서의 주요 콘텐츠를 나타내며 올바른 문서는 하나의 ⟨body⟩ 요소만 가질 수 있고 ⟨body⟩ 요소는 텍스트나 하이퍼링크, 이미지, 표 등 다양한 요소를 가질 수 있다.

⟨div⟩ 요소

⟨div⟩ 요소 자체는 특별한 의미는 없으며 자식 요소를 감싸는 그룹 콘텐츠 요소로서 class, lang, title 등의 속성으로 자식 요소에 공통의 의미를 부여할 수 있다. HTML5 스펙에서는 ⟨div⟩ 요소를 다른 그룹 콘텐츠 요소를 사용할 수 없을 때 최후의 방법으로 사용하기를 권장한다. 그 이유는 사용자에게 해당 요소가 어떤 역할을 수행하는지 전혀 설명해주지 않으므로 제한된 접근성을 제공하며, 개발자에게는 관리의 어려움을 가져오기 때문이다. 따라서 블로그 포스트, 챕터, 페이지 네비게이션 그룹 등은 의미 없는 ⟨div⟩ 요소 대신 ⟨article⟩, ⟨section⟩, ⟨nav⟩ 요소로 묶어 의미를 부여하는 게 좋다.

⟨h1⟩, ⟨h2⟩, ⟨h3⟩, ⟨h4⟩, ⟨h5⟩, ⟨h6⟩ 요소

⟨h⟩ 요소는 섹션의 제목을 의미한다. 요소 이름의 숫자는 제목의 등급을 의미하며, 숫자가 높을수록 제목의 크기가 커진다.

```
<h1>나는 h1</h1>
<h2>나는 h2</h2>
<h3>나는 h3</h3>
<h4>나는 h4</h4>
<h5>나는 h5</h5>
<h6>나는 h6</h6>
```

결과를 보면 등급에 따라서 제목의 크기가 달라지는 것을 알 수 있다.

Cocos2D에서 활용하는 요소만 소개한 관계로 지면 관계상 미처 다루지 못한 다른 HTML5 태그에 관한 정보는 w3schools.com(http://www.w3schools.com/html5/)을 참고하길 바란다.

HelloWorld 실행하기

서론이 길었지만 이제 진짜로 HelloWorld를 실행해보고 그 결과를 눈으로 확인해보자. 또 최종적으로 프로젝트를 완료하고 배포할 때는 컴파일을 거치는데, 이러한 컴파일이 어떻게 이뤄지는지도 알아보자.

Serve project

일단 결과를 눈으로 확인하고자 프로젝트 폴더로 이동해서 Serve project를 실행하자.

[그림 3-4] Serve Project

그림 3-5와 같이 뜨면 준비 완료다.

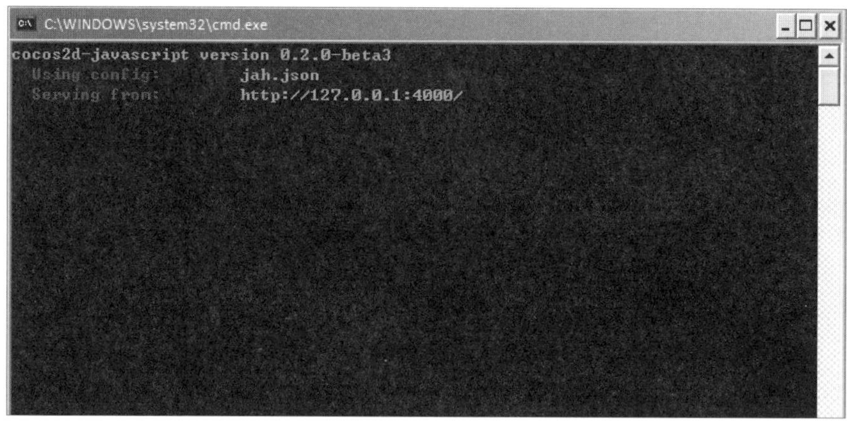

[그림 3-5] Serve Project

이제 웹 브라우저를 열어 http://127.0.0.1:4000/으로 접속하면 프로젝트의 실행 결과를 확인할 수 있다.

[그림 3-6] Hello World 프로젝트의 실행 화면

Serve project는 사용자의 개발 환경을 테스트 환경으로 구축하는 역할을 한다. 앞에서도 말했듯이 Cocos2D는 웹 기반의 게임 애플리케이션을 만들며 웹 기반의 게임 애플리케이션 테스트는 원칙적으로 웹 서버에서 이뤄져야 한다. 이미 작업 서버를 갖추고 있다면 이런 문제가 중요하지 않을 수도 있지만 웹 애플리케이션을 처음 접한 사람에게 웹 서버를 구축하기 위한 노력이나 비용은 상당한 부담이 될 수 있다. 이런 문제를 해결하기 위해 Cocos2D에서는 손쉽게 사용자의 개발 환경을 테스트할 수 있는 환경으로 구축해준다. 즉, 테스트만 목적으로 할 때는 별도의 테스트 환경을 구축할 필요가 없다.

Compile project

이번에는 프로젝트 폴더의 Compile project를 실행해보자.

[그림 3-7] Compile project

그림 3-8과 같은 화면이 지나가며 컴파일이 진행된다.

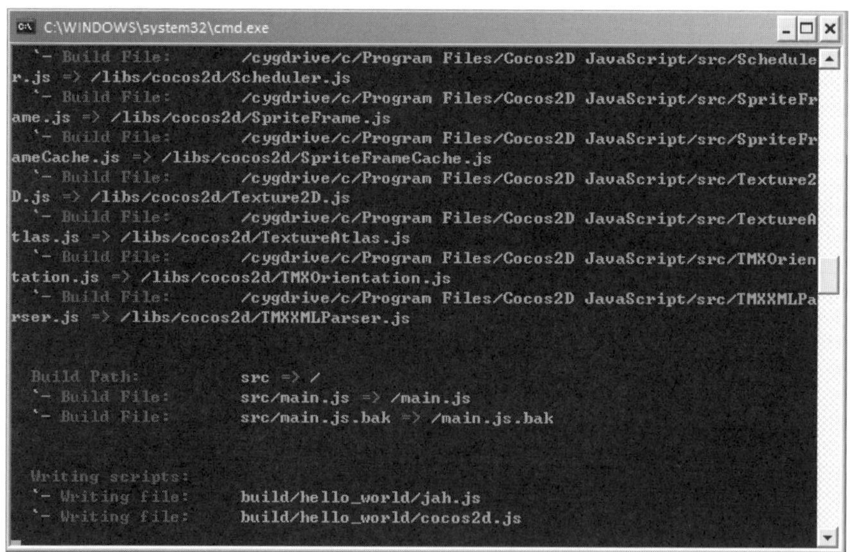

[그림 3-8] Compile project

컴파일이 끝나면 build 폴더가 생성된다.

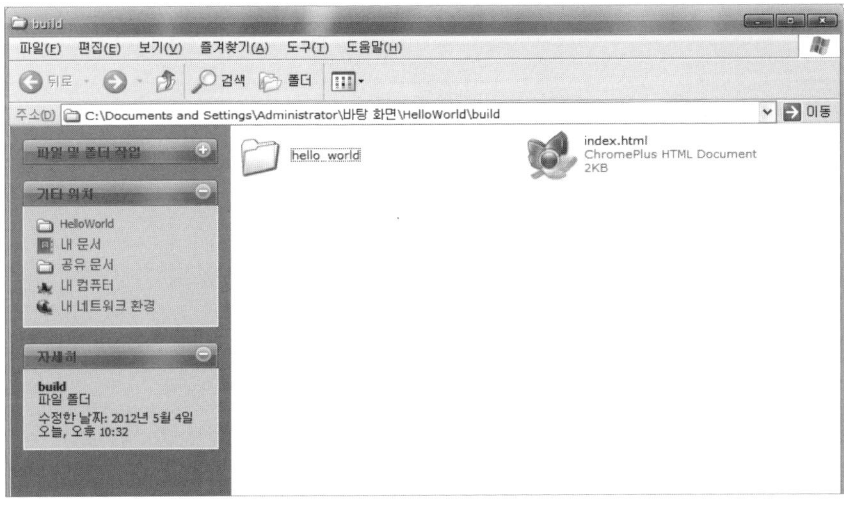

[그림 3-9] 컴파일 완료

이렇게 생성된 프로젝트를 웹 서버를 통해 배포하면 된다. 별도의 환경 설정 없이 index.html을 그냥 브라우저에서 열어보면 제대로 작동하지 않을 때도 있는데 이때는 대부분 웹 서버 환경이 제대로 구축되지 않았기 때문이다.

하지만 개발 단계에서 이렇게 컴파일 하는 것은 번거로우므로 앞에서 이야기한 Serve project를 활용하고 배포 단계에서만 컴파일을 이용하면 된다.

또 한 가지 주의사항으로 컴파일하기 전에 src 폴더 내에 필요 없는 파일이 있는지 살펴봐야 한다. js파일의 백업 파일 등 Cocos2D에서 지원하지 않는 필요 없는 파일이 있으면 제대로 동작하지 않을 수도 있다.

HelloWorld 수정하기

이렇게 HelloWorld를 끝내기에 조금 아쉬운 독자와 앞으로 커다란 포부를 가지고 인생을 살아가고자 하는 독자를 위해 프로젝트를 조금만 수정해보자. 프로젝트 폴더의 /src/main.js를 열어 다음과 같은 부분을 찾는다.

```
var label = new Label({ string:   'Hello World'
                      , fontName: 'Arial'
                      , fontSize: 76
                      })
```

여기서 'Hello World' 부분을 'I am King!'으로 수정하면 다음과 같은 코드가
된다.

```
var label = new Label({ string:   'I am King!'
                      , fontName: 'Arial'
                      , fontSize: 76
                      })
```

이제 파일을 저장한 후 Serve project를 실행해서 결과를 확인해보자. 이미 Serve
project가 실행 중이라면 코드를 수정하고 저장한 후 웹 브라우저를 새로고침하
면 바로 수정된 코드가 반영되는 것을 확인할 수 있다.

[그림 3-10] Hello World 수정하기

결과를 확인해 보면 예상했던 결과가 출력될 것이다. 별거 아닐지도 모르겠지만
호기심을 가지고 각 부분을 이해하고 장난감을 가지고 놀듯이 즐기다 보면 어느새
뛰어난 실력을 갖춘 자신을 발견할 수 있을 것이다.

수정한 코드의 결과와 같이 당신은 최고다! 그 이유는 새로운 도전을 위한 한 발을 멋지게 내딛는 데 성공했기 때문이다. 자신 있게 계속 노력한다면 비록 지금은 Hello World를 출력하는 데 그쳤지만 그 어떤 게임보다 멋진 게임을 만들어낼 수 있는 그야말로 King이 될 수 있을 것이다.

04

Cocos2D Sprite

게임을 만드는 과정에서 가장 많이 활용하는 것이 바로 Sprite다. 단순하게는 그저 하나의 이미지로 볼 수도 있지만 애니메이션이 적용된 여러 이미지를 가질 수도 있다. 쉽게 생각하면 주인공이나 적 캐릭터를 떠올릴 수 있다. 그 이유는 Sprite가 단순히 이미지에 그치지 않고 Action을 통해 움직이거나 크기가 변화하는 등 계속해서 다양하게 변화할 수 있는 객체이기 때문이다. 그럼 본격적으로 Sprite를 알아보자.

Sprite 시작하기

01. 먼저 새로운 프로젝트를 하나 만들어보자. [시작 〉 프로그램 〉 Cocos2d JavaScript 〉 create new project]를 실행하고 원하는 경로(필자는 바탕화면을 주로 사용한다)에 프로젝트 폴더(SpriteExam)를 생성한 후 확인 버튼을 누른다.

02. 프로젝트가 생성되면 리소스를 추가하기 위해 Cocos2d가 설치된 폴더로 가보자. 기본 설정으로 설치했다면 Cocos2d가 설치된 경로는 C:/Program Files /Cocos2D JavaScript일 것이다. 해당 폴더의 하위 폴더인 tests/assets/tests/resources에 가보면 프로젝트에 사용할 그림 파일이 있다. 이 resources 폴더를 통째로 복사해서 방금 만든 프로젝트 폴더의 /src에 복사한다.

03. /src/main.js를 열어서 SpriteExam() 부분만 다음과 같이 수정해보자.

[예제 4-1]

```
function SpriteExam () {
        SpriteExam.superclass.constructor.call(this)

        // 리소스 파일을 이용해 Sprite를 생성한다.
❶       var sprite = new nodes.Sprite({
            file: '/resources/grossini.png',
            rect: new geo.Rect(0, 0, 85, 121)
        })

        // 생성한 Sprite의 위치를 지정한다.
❷       sprite.position = ccp(320,240)

        // Sprite가 화면에 보이도록 레이어에 추가한다.
❸       this.addChild(sprite)
}
```

코드 수정 후 Server Project를 실행하고 http://127.0.0.1:4000/으로 접속해서 결과를 확인해보자.

[그림 4-1] Sprite 시작하기

화면에 다음과 같이 이미지가 출력되면 성공이다. 출력이 제대로 되지 않으면 다음과 같은 사항을 확인한다.

- 브라우저가 HTML5 캔버스를 지원하는지 확인
- 프로젝트 폴더에 리소스 파일을 추가했는지 확인
- 코드에 오타나 실수가 있는지 확인

Sprite를 화면에 출력하려면 Sprite를 생성하고 위치를 지정한 후 화면에 보이게끔 Layer에 추가하는 절차가 필요하다. 조금 더 상세히 살펴보면 다음과 같다.

❶번 코드는 sprite라는 이름의 Sprite를 생성하는 구문으로, file은 Sprite에서 사용할 리소스의 경로, rect는 Sprite에서 사용할 이미지 영역을 의미한다. 즉, 위 코드는 리소스의 (0, 0)에서부터 (85, 151)까지 너비 85, 높이 121의 영역을 사용한다는 의미이며, rect를 생략하면 리소스 파일의 너비와 높이를 자동으로 가져오므로 생략해도 무방하다. 또 이런 Sprite 생성자를 많이 사용한다면 프로젝트 상단에 var Scene = nodes.Scene과 같이 var Sprite = nodes.Sprite를 선언해 두면 var sprite = new Sprite({})와 같은 형식으로 짧고 편리하게 사용할 수 있다.

이렇게 생성한 Sprite는 위치값을 설정해야만 원하는 위치에 출력된다. 이 코드에서는 ❷에서 위치를 설정하고 있다. 기본 화면 크기는 640x480으로 Sprite는 Anchor Point를 지정하지 않으면 Sprite의 중앙 지점이 중심점이 된다. 즉, 위 코드처럼 위치값으로 (320, 240)을 주면 Sprite는 화면의 정중앙에 위치한다. 위치는 왼쪽 아래 끝이 (0, 0)이고 오른쪽 위 끝이 (640, 480)이 되는데 조금 더 자세한 사항은 8장, "Cocos2D Position"을 참고한다. 이러한 위치값을 지정할 때 사용하는 ccp 함수는 좌표값을 입력받아 그에 맞는 geometry.Point 객체를 생성해 반환한다. 쉽게 생각해서 우리가 이해하는 위치 값을 입력하면 Cocos2D가 처리할 수 있는 값으로 변환하는 함수라고 이해하면 된다.

이렇게 위치를 지정해 만든 Sprite를 실제로 화면에 출력하려면 기본 개념에서도 언급했듯이 실제 표현 영역에 추가해야 한다. 실제 영역에 추가하는 부분이 바로 ❸에 나온 코드다. 기본적인 Cocos2D 구조에서 위 코드 같은 경우 SpriteExam()

에서의 this는 SpriteExam Layer를 의미하며, 실제 표현 영역인 Layer에 Sprite
를 추가하면 화면에 Sprite가 출력된다.

당연한 이야기지만 위 코드에서 file 값을 변경하면 달라진 경로의 해당 이미지 파
일이 출력되고 ccp 함수의 인자 값을 변경하면 위치가 바뀐다. 이처럼 여러 가지
속성을 지정해 활용할 수 있는데, 해당 내용은 4.4절, "Sprite의 속성"을 참고한다.

Sprite 활용하기

이번에는 화면에 여러 개의 Sprite를 출력하기 위해 SpriteExam() 함수를 다음과
같이 바꿔보자.

[예제 4-2]

```
function SpriteExam () {

    SpriteExam.superclass.constructor.call(this)

    // boy Sprite 생성
    var boy = new nodes.Sprite({
        file: '/resources/grossini.png',
    })

    boy.position = ccp(320, 240)

    this.addChild(boy)

    // girl Sprite 생성
    var girl = new nodes.Sprite({
        file: '/resources/grossinis_sister1.png',
    })

    girl.position = ccp(340, 240)

    this.addChild(girl)

}
```

코드를 수정한 후 Serve Project로 결과를 확인해보자. Serve Project가 실행 중이라면 브라우저의 새로 고침 기능을 이용해 편리하게 바로 결과를 확인할 수 있다.

[**그림 4-2**] 여러 개의 Sprite 출력

위 그림과 같이 두 개의 Sprite가 출력되면 성공이다. 이런 식으로 별도의 특별한 코드 없이 반복적인 코드 기술로 여러 개의 Sprite를 화면에 출력할 수 있다. 그런데 이쯤에서 이런 의문이 생길 것이다. 지금은 여자가 앞에 있는데 남자를 앞에 둘 수는 없을까? 이러한 Sprite 사이의 출력 순서를 바꾸기 위해 다음과 같이 코드를 수정해보자.

```
this.addChild(boy)
this.addChild({child:boy,z:2})
```

이렇게 Sprite가 Layer에 추가될 때 z속성을 이용해 겹치는 순서를 결정할 수 있다. CSS에서 사용하는 z-index를 생각하면 이해하기 쉬울 것이다. 즉, z에 지정하는 숫자가 클수록 해당 Sprite는 위에 배치되며 결과는 다음 그림과 같다.

결과를 확인해보면 Sprite의 출력 순서가 달라졌음을 알 수 있다. z속성을 2로 지정한 boy Sprite가 아무것도 지정하지 않은 girl Sprite보다 위로 온 것을 보면 알수 있듯이 z속성을 지정하지 않으면 기본적으로 1이 지정된다. 이런 z속성을 이용해 배경의 지형지물보다 주인공이나 적이 위로 출력되게 하고 주인공이나 적보다옵션 메뉴가 위로 출력되게 하는 등 다양하게 활용할 수 있다.

Parent & Child

그림 4-4처럼 캐릭터가 이동하면 캐릭터의 이름도 함께 따라다니는 게임 화면을여러 번 봤을 것이다. 이렇게 여러 개의 Sprite를 함께 이동시키려면 어떻게 해야할까? Cocos2D에서는 Parent & Child라는 개념으로 손쉽게 구현할 수 있다. 이개념을 이용해 이름뿐 아니라 다음과 같은 상황에서도 유용하게 사용할 수 있다.

- 캐릭터의 HP 게이지나 MP 게이지
- 캐릭터의 말풍선
- 캐릭터의 무기나 갑옷
- 캐릭터를 감싸는 연기 등 특수 효과

[**그림 4-4**] 캐릭터와 캐릭터의 이름

이런 Parent & Child를 사용하기 위해 캐릭터와 캐릭터의 이름을 함께 출력하는
예제를 만들어보자. SpriteExam() 함수를 다음과 같이 수정한다.

[예제 4-3]

```
function SpriteExam () {
    SpriteExam.superclass.constructor.call(this)

    var sprite = new nodes.Sprite({
        file: '/resources/grossini.png',
    })

    sprite.position = ccp(320, 240)

    this.addChild(sprite)
    // 텍스트를 출력하기 위한 Label을 생성한다. 자세한 내용은 5장,
    // "Cocos2D Label"에서 다룬다.
    var label = new Label({
        string:'Grossini',
        fontName:'Arial',
        fontSize:20
    })
```

```
    // label의 Y축 반전
❷   label.scaleY = -1

    label.position = ccp(40,-130)

    // sprite에 label을 추가
❶   sprite.addChild(label)
}
```

결과를 확인해보면 그림 4-5와 같이 캐릭터와 이름이 함께 화면에 출력되는 모습
을 확인할 수 있다.

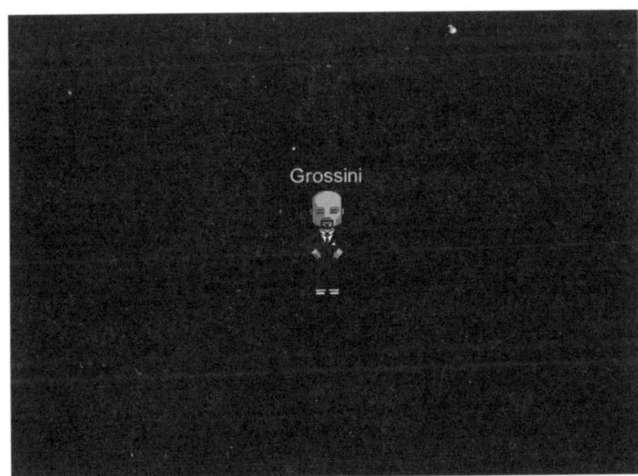

[**그림 4-5**] Parent & Child

Parent & Child 코드의 특징적인 부분은 다음과 같다.

❶번 코드를 살펴보면 앞에서 Sprite를 출력하기 위해 SpriteExam Layer인 this
에 자식을 추가했던 방법과 달리 sprite에 addChild를 이용해 자식을 추가했다.
이처럼 Layer뿐 아니라 Sprite에도 Label이나 Sprite 같은 Child를 추가해 묶을
수 있다. 위 코드에서는 sprite만 this에 추가하면 sprite의 자식도 자동으로 화면
에 출력된다.

❷번 코드는 Sprite에서 Parent & Child 관계를 맺을 때 Y축이 뒤집히는 현상이 있어서 Y축을 다시 뒤집는 처리를 한 것이다. 이 처리를 하지 않은 모습이 궁금하면 이 부분을 주석 처리하고 결과를 확인해보자.

이렇게 Parent & Child를 구현했지만 위의 결과만 봐서는 여러 개의 Sprite와 Label을 출력한 것과 그다지 차이를 느낄 수가 없다. 이번에는 그룹을 지었을 때의 차이를 확실히 느끼기 위해 다음과 같이 코드를 수정해보자.

```
sprite.position = ccp(320, 240)
sprite.position = ccp(420, 240)
```

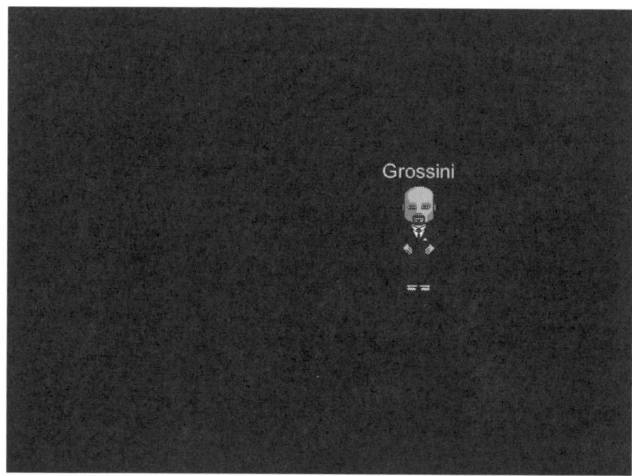

[**그림 4-6**] Parent의 위치 이동

분명히 sprite의 위치만 이동했을 뿐인데 sprite의 Child인 label의 위치도 함께 바뀐 것을 확인할 수 있다.

이처럼 Sprite와 Label 등의 객체는 Parent & Child 관계를 맺을 수 있고 Child의 위치값은 Parent의 상대 좌표를 갖게 된다.

```
label.position = ccp(40,-130)
label.position = ccp(40,-130)
```

결과를 확인해보면 sprite로부터 x가 40만큼 y가 −130만큼 떨어져 있는 것을 확인할 수 있다.

또 Child를 제거하고 싶으면 sprite.removeChild(label)처럼 removeChild 메소드를 이용하면 된다. 마찬가지로 this.removeChild(sprite)는 Layer에서 sprite를 삭제할 수 있다.

Sprite의 속성

위에서 다룬 Sprite의 주요 활용 외에도 Sprite의 크기를 조정하거나 투명도를 조정하는 등 다양한 속성을 활용할 수 있다. 이번에는 이런 Sprite의 속성을 알아보자.

화면 출력 여부

```
Sprite.visible = false
```

Sprite를 사용자가 볼 수 있게 화면에 출력할지를 결정짓는 속성으로 true면 출력하고, false이면 출력하지 않음을 의미한다.

크기

```
Sprite.scale = 2
Sprite.scaleX = 2
Sprite.scaleY = 2
```

Sprite의 전체 크기를 조정하거나 가로 또는 세로 크기를 조정할 수 있다. 기본 크기는 1이며, 2를 입력하면 크기가 2배가 된다. 크기 속성의 값은 float 타입으로 2.4와 같이 소수점 단위로 지정할 수 있다.

불투명도

```
Sprite.opacity = 0
```

Sprite의 불투명도를 지정한다. 0부터 255까지의 값을 지정할 수 있으며, 0이면 완전 투명, 255이면 완전 불투명을 의미한다. 불투명도는 float 타입으로 소수점 단위로 지정할 수 있다.

회전

```
Sprite.rotation = 0
```

Sprite의 회전 각도를 지정한다. 0부터 360의 값을 입력할 수 있으며, float 타입으로 소수점 단위로 지정할 수 있다.

05

Cocos2D Label

Label은 화면에 텍스트를 손쉽게 표현하는 데 사용하는 요소로서 Sprite처럼 크기와 위치를 설정할 수 있고 다양한 폰트를 지정할 수 있다. 이러한 Label을 활용하면 게임 점수나 캐릭터의 이름 등을 손쉽게 구현할 수 있다.

Label 시작하기

01. 먼저 새로운 프로젝트를 하나 만들어보자. 시작 〉 프로그램 〉 Cocos2d JavaScript 〉 Create new project를 실행하고 원하는 경로(필자는 바탕화면을 주로 사용한다)에 프로젝트 폴더(LabelExam)를 생성한 후 확인 버튼을 누른다.

02. Server Project를 실행하고 http://127.0.0.1:4000/으로 접속해서 결과를 확인해보자.

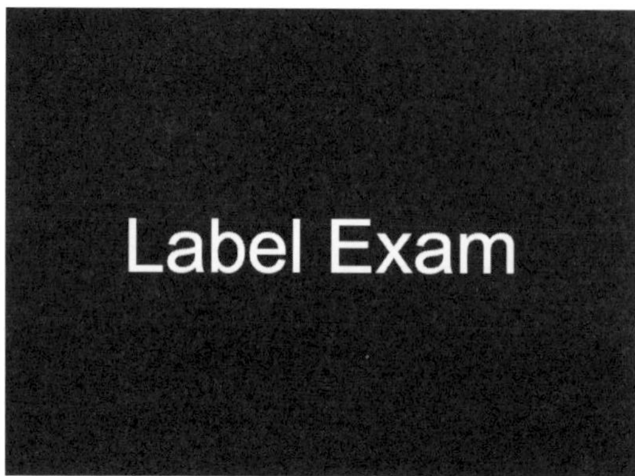

[그림 5-1] Label 시작하기

HelloWorld에서도 봤듯이 기본적인 Cocos2D 프로젝트는 프로젝트 이름을 출력하며, 이때 프로젝트 이름을 출력할 때 사용하는 것이 바로 Label이다.

Label의 속성

자, 그럼 /src/main.js를 편집기로 열어서 LabelExam() 함수를 살펴보자.

```
function LabelExam () {
    LabelExam.superclass.constructor.call(this)

    // 캔버스의 크기를 구한다.
    var s = Director.sharedDirector.winSize

❶   var label = new Label({ string:   'Label Exam'
                          , fontName: 'Arial'
                          , fontSize: 76
                          })

    // s.width는 캔버스의 너비, s.height는 캔버스의 높이
    label.position = ccp(s.width / 2, s.height / 2)

    this.addChild(label)
}
```

생성자

❶번 코드를 다음과 같이 바꿔보자.

```
var label = new Label({ string:    '[Label 실습] 글자크기와 폰트를 이렇게
                                         마음대로 바꿀 수 있어요!'
                    , fontName: 'Dotum'
                    , fontSize: 20})
```

결과를 확인해보면 폰트와 폰트 크기, 텍스트 내용이 달라진 것을 확인할 수 있다. 이처럼 string에는 출력할 텍스트, fontName에는 사용할 폰트를, fontSize에는 폰트의 크기를 지정해 Label을 생성할 수 있다.

> **NOTE**
> Label에 한글을 사용했을 때 한글 깨짐 현상이 발생할 수 있다. 한글이 깨져 보인다면 main.js의 인코딩이 UTF—8인지 확인한다. UTF—8이 아닐 경우 파일의 인코딩을 UTF—8로 바꿔서 저장하면 한글 깨짐 현상을 해결할 수 있다.

[**그림 5-2**] Label 폰트 변경

위치 변경

위치를 변경하기 위해 코드를 다음과 같이 수정한다.

```
label.position = ccp(s.width / 2, s.height / 2)
label.position = ccp(200,400)
```

label의 위치를 화면 중앙에서 (200, 400)으로 바꾸는 코드로, 결과를 확인해보면 label의 위치가 달라진 것을 확인할 수 있다.

[**그림 5-3**] Label 위치 변경

회전

이번에는 ❶번 코드 아래에 다음 코드를 추가해보자.

```
label.rotation = 10
```

결과를 확인하면 그림 5-4처럼 Label이 회전한 것을 확인할 수 있다. rotation은 회전 각도를 지정하는 속성으로 0부터 360의 값을 가질 수 있다. 회전 속성의 값은 float 타입으로 소수점 단위까지 지정할 수 있으며, Sprite처럼 활용할 수 있다.

[**그림 5-4**] Label 회전

화면 출력 여부 및 불투명도

화면 출력 여부를 설정할 수 있는 visible 속성은 true/false로, 불투명도를 지정하는 opacity 속성은 0~255로 Sprite처럼 활용할 수 있다.

글자색 변경

글자색을 변경하기 위해 ❶번 코드를 바꿔보자.

```
var label = new Label({ string: '[Label 실습] 이번엔 색을 변경!'
                , fontName: 'Dotum', fontSize: 20
                , fontColor: 'yellow'})
```

Label을 생성하는 부분에 fontColor 항목을 추가하면 색이 변경되는 것을 볼 수 있다. fontColor에 들어가는 값은 색의 명칭 또는 CSS에서 사용하는 Color 값을 넣을 수 있다. 예를 들어, yellow, red , black, white 등의 색의 명칭을 직접 쓸 수도 있고 #cccccc, #000000, #ffffff, #ff00cc 등의 16진수의 형태의 색상 코드를 사용할 수도 있으며, 짧게 #ccc, #000, #f0c 등으로 표현할 수도 있다. CSS에 관해서는 http://www.w3schools.com/ 사이트를 참고한다.

[그림 5-5] Label 글자색 변경

Label 텍스트 변경

```
Label.string = 'Label Label'
```

Label의 텍스트는 최초 생성할 때 지정할 수도 있지만 게임 진행에 따라 다른 텍스트로 변경할 수도 있다. 예를 들어, 게임 점수는 적을 죽일 때마다 증가하게 되는데 이때 매번 Label을 새로 만들기보다는 string 속성을 이용해 텍스트를 변경하는 편이 더 쉽다.

Label 폰트 크기 변경

```
Label.fontSize = 10
```

텍스트 변경과 마찬가지로 처음 생성할 때 폰트 크기를 지정할 수도 있고 게임 진행 도중에 fontSize 속성을 이용해 폰트 크기를 설정할 수도 있다.

LabelAtlas

이번에는 폰트 파일인 아닌 그림 5-6과 같은 이미지 파일로 텍스트를 출력해보자. LabelAtlas는 텍스트의 개성적인 연출이 필요할 때 사용하면 좋다.

[그림 5-6] 비트맵 폰트 파일

01. 먼저 새로운 프로젝트를 하나 만들어보자. 시작 〉 프로그램 〉 Cocos2d JavaScript 〉 Create new project를 실행하고 원하는 경로(필자는 바탕화면을 주로 사용한다)에 프로젝트 폴더(LabelAtlasExam)를 생성하고 확인을 누른다.

02. 프로젝트가 생성되면 리소스를 추가하기 위해 Cocos2d가 설치된 폴더로 가보자. 기본 설정으로 설치했다면 Cocos2d가 설치된 경로는 C:/Program Files /Cocos2D JavaScript일 것이다. 해당 폴더의 하위 폴더인 tests/assets/tests/resources에 가보면 프로젝트에 사용할 그림 파일이 있다. 이 resources 폴더를 통째로 복사해서 방금 만든 프로젝트 폴더의 /src에 복사한다.

03. /src/main.js를 열어 LabelAtlasExam() 부분을 다음과 같이 수정해보자.

[예제 5-1]

```
function LabelAtlasExam () {
    LabelAtlasExam.superclass.constructor.call(this)

    var s = Director.sharedDirector.winSize

    // 비트맵 폰트 파일을 이용한 Label
❶   var label = new nodes.LabelAtlas({ string: "123 Test"
        , charMapFile: '/resources/fonts/tuffy_bold_italic-charmap.png'
        , itemWidth: 48
        , itemHeight: 64
        , startCharMap: ' '
    })

    label.position = ccp(0,s.height/2)
    this.addChild(label)
}
```

그림 5-7과 같이 비트맵 폰트가 적용된 라벨이 출력되는 결과를 확인할 수 있다. 기본적인 속성이나 활용은 Label과 같고 가장 큰 차이를 보이는 부분은 LabelAtlas를 생성하는 ❶번 부분이다. 이 부분을 조금 더 자세히 살펴보면 string에는 출력할 텍스트를 입력하고 charMapFile에는 그림 5-6과 같은 비트맵 폰트

파일의 경로를 지정한다. itemWidth에는 한 문자의 가로 크기를, itemHeight에
는 세로 크기를 지정한다.

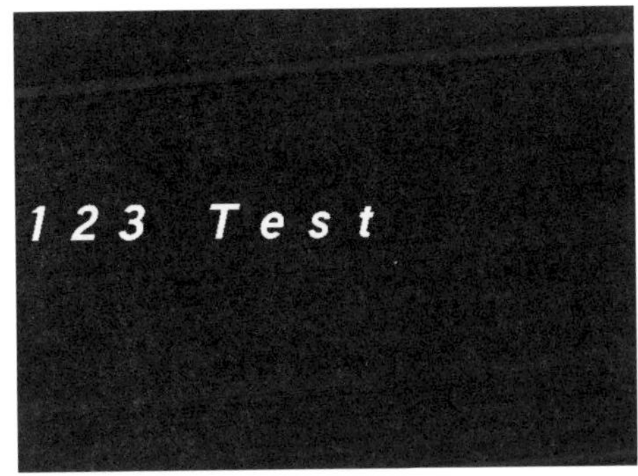

[**그림 5-7**] 비트맵 폰트 파일을 이용한 Label 출력

이런 비트맵 폰트 파일은 Hiero와 같은 비트맵 폰트 툴을 활용하면 손쉽게 만들
수 있다. 해당 툴은 아래 사이트에서 내려받을 수 있다.

　　http://slick.cokeandcode.com/

또 문자의 순서나 배치는 예제의 리소스 파일인 /resources/fonts/tuffy_bold_
italic-charmap.png를 참고해 만들면 좋은데 이 파일은 글자 색상이 흰색이라는
점을 고려하길 바란다.

06

Cocos2D Menu

이번 장에서는 Cocos2D에서 제공하는 Menu 클래스를 알아보자.

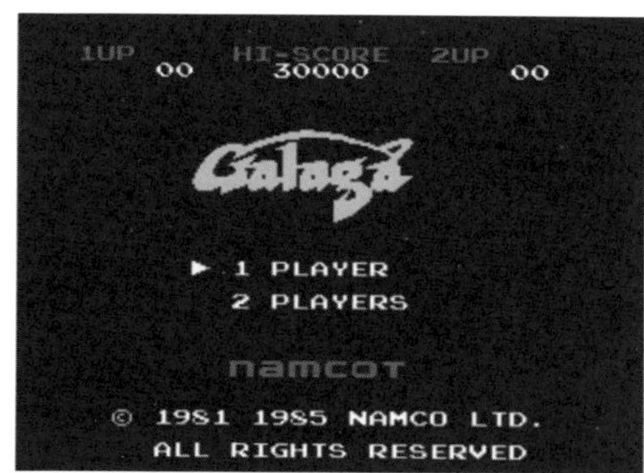

[그림 6-1] 갤러그의 메뉴 화면

Menu란 사용자가 선택할 수 있는 항목이다. 그림 6-1처럼 갤러그는 게임을 실행하면 혼자서 게임을 할 것인지 함께 할 것인지 결정하게 되는데, 이처럼 사용자가 선택할 수 있게 해주는 장치가 바로 메뉴다. 조금 더 쉽게 이야기하면 사용자의 터치나 클릭에 반응하는 버튼이라고 생각하면 된다.

앞서 Sprite와 Label을 다루는 법을 살펴봤다. 사실 Sprite와 Label만으로도 충분히 게임 화면을 구성할 수 있지만 단순히 출력만으로는 게임을 만들 수 없다. 사용자의 행동에 따라 게임에 반영되는 상호작용이 일어나지 않기 때문이다. 예를 들면, 마우스를 클릭했을 때 총알이 발사돼야 하는데 지금까지 배운 단순히 출력하는 방법만으로는 구현할 수 없다. 하지만 Menu는 사용자의 클릭에 대한 상호작용을 지정할 수 있다. 하지만 키보드나 마우스 드래그 등 세부적인 사용자의 행동을 관리할 수는 없는데, 이에 대한 자세한 내용은 9장, "Cocos2D Event"에서 다룬다.

Menu 시작하기

01. 먼저 새로운 프로젝트를 하나 만들어보자. 시작 〉 프로그램 〉 Cocos2d JavaScript 〉 Create new project를 실행하고 원하는 경로(필자는 바탕화면을 주로 사용한다)에 프로젝트 폴더(MenuExam)를 생성한 후 확인 버튼을 누른다.

02. 프로젝트가 생성되면 리소스를 추가하기 위해 Cocos2d가 설치된 폴더로 가보자. 기본 설정으로 설치했다면 Cocos2d가 설치된 경로는 C:/Program Files /Cocos2D JavaScript일 것이다. 해당 폴더의 하위 폴더인 tests/assets/tests/resources에 가보면 프로젝트에 사용할 그림 파일이 있다. 이 resources 폴더를 통째로 복사해 방금 만든 프로젝트 폴더의 /src에 복사한다.

03. /src/main.js를 열어서 MenuExam () 부분만 다음과 같이 수정해보자.

[예제 6-1]

```
function MenuExam () {
    MenuExam.superclass.constructor.call(this)

    var sprite = new nodes.Sprite({
```

```
            file: '/resources/b1.png',
        })

❶      var menuItem1 = new nodes.MenuItemSprite ({
            normalImage:sprite
        })

❷      var menu = new nodes.Menu([])
❸      menu.addChild(menuItem1)

❹      this.addChild(menu)
    }
```

코드를 저장하고 브라우저를 열어서 결과를 확인해보면 그림 6-2처럼 출력되는
것을 확인할 수 있다.

[그림 6-2] Menu 시작하기

Menu는 한 개 이상의 MenuItem으로 구성된다. 나중에 Label이나 Toggle 같
은 클래스를 지원할 것으로 기대하지만 현재 버전에서는 MenuItem의 종류로
MenuItemSprite와 MenuItemImage만 지원한다.

MenuItem은 그림 6-1의 갤러그 시작 화면을 예로 들자면 1 PLAYER, 2 PLAYER를 각 MenuItem으로 볼 수 있다. 즉, 사용자의 입력을 받는 하나의 객체라고 생각하면 되고 MenuItemSprite는 그러한 객체의 형태를 Sprite로 만든 것이다. 결국 Menu는 MenuItem이 모인 집합이라고 볼 수 있다.

이를 바탕으로 예제 6-1을 자세히 살펴보자.

실제로 Layer에 추가한 것은 ❹번 코드를 보면 알 수 있듯이 Menu인 menu에 불과하고, ❸번 코드에서 menu에 MenuItemSprite인 menuItem1을 추가했고 ❶번 코드에서 menuItem1에 Sprite 객체인 sprite를 지정한 것을 확인할 수 있다.

```
Menu menu > MenuItemSprite menuItem1 > Sprite sprite
```

결국 위와 같은 계층 구조다. 이번에는 Menu와 MenuItemSprite, MenuItemImage의 활용을 위해 생성자에 대해 조금 더 자세히 알아보자.

Menu는 MenuItem 이외에 특별한 인자가 없다. ❷번 고드처럼 new nodes.Menu([])의 형태로 사용해도 되고 new nodes.Menu({items:[menuItem1]})과 같이 생성할 때 MenuItem을 지정할 수도 있다.

MenuItemSprite의 원형은 다음과 같다.

```
new MenuItemSprite ({normalImage:cocos.nodes.Node, selectedImage:cocos.nodes.Node, disabledImage:cocos.nodes.Node})
```

- normalImage: 필수로 입력해야 하며 평상 시에 출력할 메뉴 이미지
- selectedImage: 메뉴를 클릭하거나 선택했을 때 출력할 이미지
- disabledImage : 선택을 해제했을 때 출력할 메뉴 이미지

cocosnodes.Node는 Sprite나 Label, Layer, Scene등의 공통된 원형으로 위치, 색상, 투명도, 크기, 회전 등의 속성을 필요에 따라 변경할 수 있으며 자식 노드를 가질 수 있다. 또한 각종 Action의 적용 대상이기도하다.

```
var menuItem1 = new nodes.MenuItemSprite ({normalImage:sprite})
```

위의 ❶번 코드를 살펴보면 먼저 Sprite를 생성한 후에 normalImage의 값으로 sprite를 사용하고 있다.

이렇게 기본적인 Menu 생성 방법을 알아봤는데, 이 상태에서는 화살표를 클릭해도 아무 변화가 일어나지 않는다. 아직 사용자의 클릭에 대한 반응을 설정하지 않았기 때문이다. 이번에는 이런 반응을 설정할 수 있는 callback을 알아보자.

위에서 추가한 MenuItem에 callback을 추가하기 위해 코드를 다음과 같이 바꿔보자.

[예제 6-2]

```
function MenuExam () {
    MenuExam.superclass.constructor.call(this)

    var sprite = new nodes.Sprite({
        file: '/resources/b1.png',
    })

    // callback이 추가되었다.
❶   var menuItem1 = new nodes.MenuItemSprite ({
        normalImage:sprite,
        callback: function () {
            alert('menuItem을 클릭했습니다.')
        }
    })

    var menu = new nodes.Menu([])
```

```
        menu.addChild(menuItem1)

        this.addChild(menu)
    }
```

주석을 보면 알 수 있듯이 ❶번 코드에 callback을 추가했다. MenuItem에서의
callback은 사용자의 클릭이 일어났을 때 반응한다. 위 코드처럼 바로 함수를 만
들어서 쓸 수도 있지만 이미 만들어진 함수에 연결할 수도 있다.

alert( )은 경고창을 통해 메시지를 보내는 자바스크립트 함수인데, 여기서는 결과
를 확인하는 용도로 사용한다. 결과를 확인해보자.

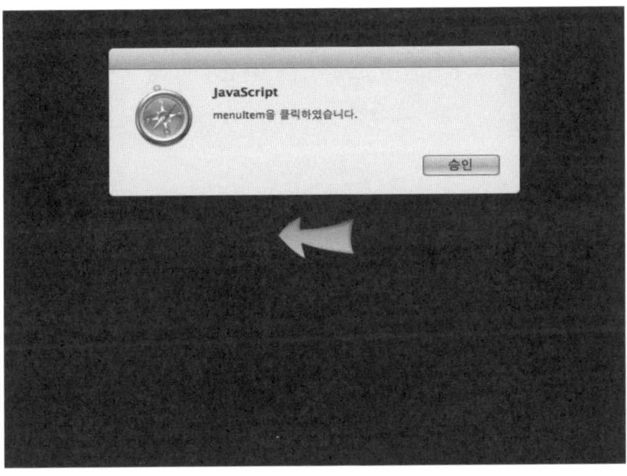

[그림 6-3] Menu 클릭

그림 6-3과 같이 메시지가 나온다면 성공이다. 브라우저에 따라 경고창의 모양은
달라지므로 모양이 다른 것은 크게 신경 쓸 필요가 없다.

callback을 통해 사용자의 클릭 액션에 대응할 수 있음을 알게 됐다. 그렇다면 게
임에서는 어떤 식으로 callback을 활용할 수 있을까? 간단한 예로 클릭하면 해당
이미지가 이동하는 코드를 작성해보자.

[예제 6-3]

```
function MenuExam () {
    MenuExam.superclass.constructor.call(this)

    var sprite = new nodes.Sprite({
        file: '/resources/b1.png' })

    var sprite2 = new nodes.Sprite({
        file: '/resources/b2.png'})

    var menuItem1 = new nodes.MenuItemSprite ({
        normalImage:sprite,
        selectedImage:sprite2,
        callback: function () {
            // menuItem1의 현재 위치를 기준으로 위치 변화
            menuItem1.position = ccp(menuItem1.position.x-20,
                                     menuItem1.position.y+20)
        }
    })

    var menu = new nodes.Menu([])
    menu.addChild(menuItem1)

    this.addChild(menu)
}
```

결과를 확인하고 화살표를 눌러보자. 그림 6-4처럼 왼쪽 위로 이동하는 모습을
확인할 수 있다. 그리고 마우스 버튼을 누르고 있으면 다른 이미지가 나타나는 것
을 확인할 수 있는데, menuItem1의 selectedImage 속성의 값으로 sprite2를 따
로 지정했기 때문이다.

하지만 이런 식으로 MenuItem을 만들면 일일이 Sprite를 생성해야 하므로 상당히 불편하다. Sprite를 사용하지 않고 이미지 리소스를 직접 지정해 MenuItem을 만드는 방법도 있다. MenuItem의 종류에서 잠깐 언급한 MenuItemImage를 이용하면 된다.

MenuItemImage를 사용한 코드를 살펴보자.

[예제 6-4]

```
function MenuExam () {
    MenuExam.superclass.constructor.call(this)

    var sprite = new nodes.Sprite({
        file: '/resources/b1.png',
    })

    var sprite2 = new nodes.Sprite({
        file: '/resources/b2.png',
    })
```

```javascript
var menuItem1 = new nodes.MenuItemSprite ({
    normalImage:sprite,
    selectedImage:sprite2,
    callback: function () {
        menuItem1.position = ccp(menuItem1.position.x-20,
                                 menuItem1.position.y+20)
    }
})

// MenuItemImage로 MenuItem 생성
var menuItem2 = new nodes.MenuItemImage ({
    normalImage:'/resources/f1.png',
    selectedImage:'/resources/f2.png',
    callback:function () {
        alert('손쉽게 만든 메뉴 아이템')
    }
})
menuItem2.position = ccp(100, 0) // menuItem1과 겹치지 않게 위치 조정

var menu = new nodes.Menu([])
menu.addChild(menuItem1)
menu.addChild(menuItem2)


this.addChild(menu)
}
```

코드 작성을 완료하면 바로 결과를 확인해본다.

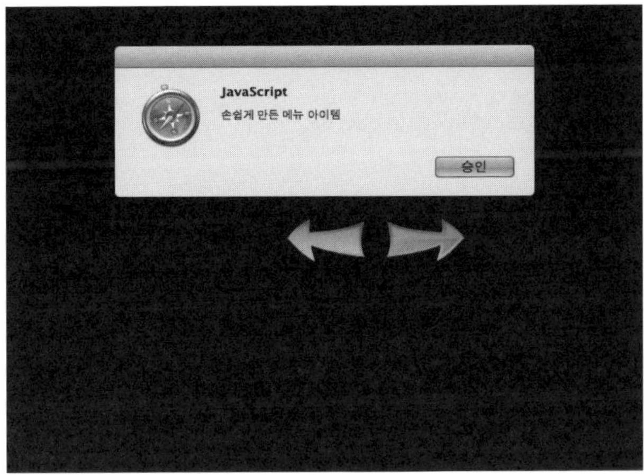

[그림 6-5] menuItemImage

그림 6-5처럼 오른쪽 화살표를 클릭하면 메시지가 나오는 것을 확인할 수 있다.

이처럼 Sprite를 생성해서 Menu를 만드는 방식이 번거롭다면 MenuItemImage를 MenuItem으로 사용하면 된다. MenuItemImage의 원형을 살펴보면 다음과 같다.

```
new MenuItemImage ({normalImage:String, selectedImage:String,
                    disabledImage:String})
```

MenuItemSprite와 내용은 같지만 cocos.nodes.Node 자리에 String이 들어간 것을 확인할 수 있다. String은 문자열로서 이미지 리소스 파일의 경로를 직접 지정해서 MenuItem을 생성한다. 이처럼 필요에 따라 MenuItemImage와 MenuItemSprite 중 편리한 방법을 사용하면 된다.

보통 게임을 보면 화면의 키패드가 표시되는 경우 키패드를 조작하면 주인공이 움직인다. 이런 효과는 어떻게 구현하는지 간단하게 살펴보자.

[예제 6-5]

```javascript
function MenuExam () {
    MenuExam.superclass.constructor.call(this)

    var grossini = new nodes.Sprite({
       file: '/resources/grossini.png',
    })
    grossini.position = ccp(300, 300)
    this.addChild(grossini)

    var sprite = new nodes.Sprite({
       file: '/resources/b1.png',
    })

    var sprite2 = new nodes.Sprite({
       file: '/resources/b2.png',
    })

    var menuItem1 = new nodes.MenuItemSprite ({
       normalImage:sprite,
       selectedImage:sprite2,
       callback: function () {
          // grossini의 위치 변화
          grossini.position = ccp(grossini.position.x - 20,
                                   grossini.position.y)
       }
    })

    var menuItem2 = new nodes.MenuItemImage ({
       normalImage:'/resources/f1.png',
       selectedImage:'/resources/f2.png',
       callback:function () {
          // grossini의 위치 변화
          grossini.position = ccp(grossini.position.x + 20,
                                   grossini.position.y)
```

```
        }
    })

    menuItem2.position = ccp(100, 0) // menuItem1과 겹치지 않게 위치 조정

    var menu = new nodes.Menu([])
    menu.addChild(menuItem1)
    menu.addChild(menuItem2)
    menu.position = ccp(260, 100)

    this.addChild(menu)
}
```

[그림 6-6] Menu를 통한 Sprite 이동

그림처럼 화면에 Grossini Sprite를 추가하고 MenuItem의 callback 함수를 수
정해 MenuItem을 이동시키지 않고 다른 객체인 Grossini Sprite를 이동시켰다.

Menu와 MenuItem의 속성

Menu 또는 MenuItem의 속성을 지정할 수 있는데, 이에 대한 상세한 내용이나 결과는 4.4절, "Sprite 속성"과 5.2절, "Label의 속성"과 같으므로 해당 부분을 참고하면 된다. 또한 Action이나 Schedule을 지정할 수 있다. 이에 대한 자세한 내용은 10장, "Cocos2D Action"이나 13.1절, "Schedule"을 참고한다.

- anchorPoint (8장, "Cocos2D Positioin" 참조)
- opacity
- position
- rotation
- scale
- scaleX
- scaleY
- visible
- zOrder

07

Cocos2D Animation

게임을 해보면 고정된 이미지는 거의 없다. 주인공이나 적군 캐릭터를 생각해보면 항상 걸어가거나 뛰어가는 등 어떤 식으로든 애니메이션이 적용된 모습이 떠오를 것이다. 이처럼 애니메이션에는 기본 동작인 숨쉬기부터 걷기, 칼질 등 무수히 많은 애니메이션이 활용된다.

Cocos2D에서도 이러한 애니메이션을 구현할 수 있다. 이번 장에서는 Animation에 대해 알아보자.

SpriteFrame

01. 먼저 새로운 프로젝트를 하나 만들어보자. 시작 〉 프로그램 〉 Cocos2d JavaScript 〉 Create new project를 실행하고 원하는 경로(필자는 바탕화면을 주로 사용한다)에 프로젝트 폴더(AnimationExam)를 생성한 후 확인 버튼을 누른다.

02. 프로젝트가 생성되면 리소스를 추가하기 위해 Cocos2d가 설치된 폴더로 가보자. 기본 설정으로 설치했다면 Cocos2d가 설치된 경로는 C:/Program Files /Cocos2D JavaScript일 것이다. 해당 폴더의 하위 폴더인 tests/assets/tests/resources에 가보면 프로젝트에 사용할 그림 파일이 있다. 이 resources 폴더를 통째로 복사해서 방금 만든 프로젝트 폴더의 /src에 복사한다.

03. /src/main.js를 열어서 AnimationExam() 부분만 다음과 같이 수정해보자.

[예제 7-1]

```
function AnimationExam () {

    AnimationExam.superclass.constructor.call(this)

    // 이미지 추출을 위한 2D 텍스처 생성
❶   var texture = new cocos.Texture2D({ file: '/resources/animations/
                    dragon_animation.png' })

    // 2D 텍스처에서 6개의 이미지를 추출해 frame 생성
❷   var frames = [ new cocos.SpriteFrame({ texture: texture,
                    rect: new geo.Rect(132 * 0, 132 * 0, 132, 132) })
                , new cocos.SpriteFrame({ texture: texture,
                    rect: new geo.Rect(132 * 1, 132 * 0, 132, 132) })
                , new cocos.SpriteFrame({ texture: texture,
                    rect: new geo.Rect(132 * 2, 132 * 0, 132, 132)})
                , new cocos.SpriteFrame({texture: texture,
                    rect: new geo.Rect(132 * 3, 132 * 0, 132, 132)})
                , new cocos.SpriteFrame({texture: texture,
                    rect: new geo.Rect(132 * 0, 132 * 1, 132, 132)})
                , new cocos.SpriteFrame({texture: texture,
                    rect: new geo.Rect(132 * 1, 132 * 1, 132, 132)})]

    // frame이 첫 번째 객체로 Sprite 생성
❸   var sprite = new nodes.Sprite({ frame: frames[0] })

    sprite.position = ccp(300, 300)

    this.addChild(sprite)

}
```

[그림 7-1] Animation 시작하기

예제를 실행해보면 그림 7-1처럼 달랑 용 한 마리가 등장한 것을 볼 수 있다. 심지어 이 용은 움직이지도 않는다.

이렇게 간단한 Sprite을 출력하는 데 왜 이렇게 긴 코드를 입력했을까? 그 이유는 1.png, 2.png, …과 같이 녹립된 파일에서 각 리소스를 읽어와 애니메이션을 구성할 수도 있지만 그렇게 하면 파일의 개수가 무수히 많아져서 문제가 생길 가능성이 높기 때문이다. 그래서 한 애니메이션에 관한 리소스 자료는 그림 7-2처럼 하나의 리소스 파일로 관리하게 된다.

이처럼 하나의 리소스 파일에서 여러 개의 이미지를 추출하는 것을 보여주기 위해 일반적인 Sprite 출력 코드와는 다른 코드를 사용했다.

이런 식으로 이미지를 추출하려면 리소스 파일을 2D 텍스처로 바꿔야 한다. 바로 ❶번 부분이 file에서 지정된 리소스 파일을 2D 텍스처로 바꾸는 코드다.

```
new Texture2D ({[file:String],[data:Texture2D/HTMLImageElement]})
```

Texture2D의 원형을 살펴보면 위와 같은데, file과 data 모두 선택해서 사용할 수 있다. file은 앞서 말했듯이 리소스 파일이 위치한 경로이고 data를 사용하면 이미지 데이터를 Texture2D나 HTMLImageElement의 형태에서 가져올 수도 있다. Data를 사용해 2D 텍스처를 다루는 방법은 이 책의 범위를 벗어나므로 자세한 사항은 인터넷이나 다른 책을 참고한다.

[**그림 7-2**] Animation 리소스 이미지

이렇게 만들어진 2D 텍스처에서 실질적으로 Animation을 위한 Sprite인 SpriteFrame을 구성하는 부분이 ❷번 코드다.

```
new SpriteFrame ({texture:cocos.Texture2D,rect:geometry.Rect})
```

texture에는 추출 대상이 되는 2D 텍스처를 지정하고, rect에서 추출할 범위를 지정하면 해당 2D 텍스처에서 범위만큼을 추출해 SpriteFrame을 구성하게 된다. 이러한 SpriteFrame은 정지 상태의 이미지로, 여러 개의 SpriteFrame이 모여서 움직이는 Animation을 구현하게 된다.

코드를 보면 6개의 SpriteFrame을 생성하게 되는데 (0, 0), (132, 0), (264, 0), (396, 0), (0, 132), (132, 132)에서 132x132 크기의 이미지를 추출한 것을 확인할 수 있다. 이때 보통 Cocos2D의 위치 좌표와 달리 왼쪽 위 끝(0, 0)이 기준점

이 되는 것을 알 수 있다. 이렇게 생성한 SpriteFrame을 편리하게 사용하기 위해 frame이라는 배열에 저장했다.

이렇게 만든 frame 배열의 첫 번째 이미지를 사용해 스프라이트를 만드는 부분이 바로 ❸번 코드다. 이처럼 Sprite는 4장, "Cocos2D Sprite"에서 소개했듯이 이미지 리소스 파일 경로를 직접 지정해주는 방법 외에도 frame을 사용해 생성할 수도 있다.

다시 한번 살펴보면 그림 7-2의 왼쪽 위에 있는 용이 그림 7-3에 출력된 모습을 확인할 수 있다.

지금까지 만든 SpriteFrame으로 실제로 용이 움직이도록 Animation을 사용해보자.

Animation

Animation 관련 코드를 추가해서 실제로 용이 날아다니는 애니메이션을 출력해보겠다.

[예제 7-2]

```
function AnimationExam () {

    AnimationExam.superclass.constructor.call(this)

    var texture = new cocos.Texture2D({ file: '/resources/animations/
                                    dragon_animation.png' })

    var frames = [ new cocos.SpriteFrame({ texture: texture,
                    rect: new geo.Rect(132 * 0, 132 * 0, 132, 132) })
                , new cocos.SpriteFrame({ texture: texture,
                    rect: new geo.Rect(132 * 1, 132 * 0, 132, 132) })
                , new cocos.SpriteFrame({ texture: texture,
```

```
                    rect: new geo.Rect(132 * 2, 132 * 0, 132, 132) })
        , new cocos.SpriteFrame({ texture: texture,
                    rect: new geo.Rect(132 * 3, 132 * 0, 132, 132) })
        , new cocos.SpriteFrame({ texture: texture,
                    rect: new geo.Rect(132 * 0, 132 * 1, 132, 132) })
        , new cocos.SpriteFrame({ texture: texture,
                    rect: new geo.Rect(132 * 1, 132 * 1, 132, 132) })
    ]

    var sprite = new nodes.Sprite({ frame: frames[0] })

    sprite.position = ccp(300, 300)

    this.addChild(sprite)

    // 추가 - 애니메이션을 구현한 부분
    var animation = new cocos.Animation({ frames: frames, delay: 0.2 })
    var animate = new cocos.actions.Animate({ animation: animation })
    sprite.runAction(new cocos.actions.RepeatForever(animate))


  }
```

코드를 저장하고 결과를 확인하면 용이 멋지게 창공을 비상하는 장면을 볼 수 있다.

이제부터 세부적으로 Animation이 어떤 구조이고 어떤 속성이 있는지 알아보자. 기본적으로 Animation은 Action의 형태로 사용한다. 사용할 수 있는 Action의 종류나 상세한 내용은 10장, "Cocos2D Action"에서 다루는데, 간단하게 말하자면 Sprite나 Label에 변화를 준다고 생각하면 손쉽게 이해할 수 있다.

Animation을 Action으로서 사용하려면 Action의 한 종류인 Animate로 변환할 필요가 있다.

```
Sprite > Action > cocos.actions.Animate > cocos.Animation >
cocos.SpriteFrame
```

즉, 위와 같은 구조로서, 정지한 이미지인 SpriteFrame을 모아서 Animation을
만들고 이 Animation을 Sprite에 적용하기 위해 Action의 한 종류인 Animate로
변환한 것이다.

```
new Animation ({frames:cocos.SpriteFrame[],[delay:Float]})
```

frames에는 SpriteFrame 배열이 사용되고 delay에서는 실수형인 Float 값을 사
용한다. frames는 애니메이션을 구성할 이미지 집합을 의미하고, delay는 한 이
미지가 출력되는 시간을 의미한다. ❶번 코드는 첫 번째 용그림이 출력되고 0.2초
후에 두 번째 용그림이 출력되게 짜여 있다. 이러한 Animation을 출력하기 위해
사용하는 Action의 한 형태인 Animate을 살펴보면 다음과 같다.

```
new Animate ({duration:Float,animation:cocos.Animation,
            [restoreOriginalFrame:Boolean]})
```

- duration : Action이 실행되는 초 단위의 길이.
- animation : 재생할 애니메이션.
- restoreOriginalFrame : 애니메이션 재생이 끝난 후 원래 이미지를 복원시킬지 여부.

이렇게 만든 animate Action을 실제로 사용하기 위한 부분이 ❸번 코드다.
sprite.runAction은 말 그대로 sprite가 Action을 실행한다는 뜻이다.

```
sprite.runAction(new cocos.actions.RepeatForever(animate))
sprite.runAction(animate)
```

위 코드와 같이 ❸번 코드 자리를 수정해보자. 이렇게 사용하는 것이 Action의 일
반적인 사용법인데, 이렇게 사용하면 용이 단 한 번만 날갯짓을 한다.

```
sprite.runAction(animate)
sprite.runAction(new cocos.actions.RepeatForever(animate))
```

용이 계속해서 하늘을 날게 하려면 새로운 Action을 적용할 필요가 있다. 이를 위해 ❸번 코드처럼 Action의 한 형태로 Action을 무한 반복하는 RepeatForever로 감싼 것이다. 이 밖에도 차례대로 실행하거나 동시에 실행하는 등 다양한 Action의 형태가 있는데 이와 관련된 내용은 9장, "Cocos2D Action"에서 자세히 살펴보겠다.

08
Cocos2D Position

Cocos2D의 좌표 체계는 일반적으로 생각하는 것과 다를 수 있으니 주의해야 한다. 보통 좌표값에서 (0, 0)은 화면의 왼쪽 위 끝으로 x값이 증가하면 오른쪽으로, y값이 증가하면 아래로 내려간다.

하지만 Cocos2D에서는 그림 8-1과 같이 x는 보통 좌표 체계와 같지만 y의 0은 화면 가장 아랫부분을 나타낸다. 수학에서의 1사분면과 같다고 생각하면 이해하기 쉬울 것이다.

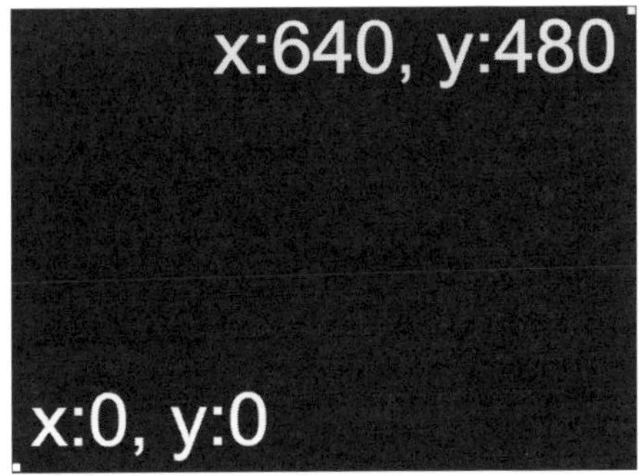

[그림 8-1] Cocos2D Position

Position 시작하기

01. 먼저 새로운 프로젝트를 하나 만들어보자. 시작 〉 프로그램 〉 Cocos2d JavaScript 〉 Create new project를 실행하고 원하는 경로(필자는 바탕화면을 주로 사용한다)에 프로젝트 폴더(PositionExam)를 생성한 후 확인 버튼을 누른다.

02. 프로젝트가 생성되면 리소스를 추가하기 위해 Cocos2d가 설치된 폴더로 가보자. 기본 설정으로 설치했다면 Cocos2d가 설치된 경로는 C:/Program Files /Cocos2D JavaScript일 것이다. 해당 폴더의 하위 폴더인 tests/assets/tests/resources에 가보면 프로젝트에 사용할 그림 파일이 있다. 이 resources 폴더를 통째로 복사해서 방금 만든 프로젝트 폴더의 /src에 복사한다.

03. /src/main.js를 열어 PositionExam() 부분만 다음과 같이 수정한다.

[예제 8-1]

```
function PositionExam () {
    PositionExam.superclass.constructor.call(this)

    var label = new Label({ string:   '320, 240'
                          , fontName: 'Arial'
                          , fontSize: 76
                          , fontColor: 'yellow'
                          })

❶   label.position = ccp(320,240)

    this.addChild(label)
}
```

Cocos2D의 기본적인 화면 크기는 640x480이다. ❶번 코드처럼 위치값을 주면 그림 8-2처럼 화면 중앙에 Label이 출력된다. 이를 보면 (320, 240)이라는 위치 값이 기본적으로 Label이나 Sprite의 정중앙을 기준으로 한다는 사실을 알 수 있다. 따라서 위치 값을 (0, 0)을 주면 Label 일부분이 잘려서 보이는 결과가 나타나리라 짐작할 수 있다. 이러한 고정점을 바꾸는 방법으로 anchorPoint가 있는데, anchorPoint에 관한 자세한 내용은 잠시 후 8.2절, "Anchor Point"에서 다루겠다.

[**그림 8-2**] 화면 중앙의 좌표

이번에는 예제 8-1의 ❶번 코드를 아래처럼 수정해보자.

```
label.position = ccp(320,440)
```

[**그림 8-3**] Position 변경하기

위와 같이 숫자가 증가할수록 위로 올라가게 된다는 점에 유의하자.

y값을 440으로 변경하니 그림 8-3처럼 위쪽으로 Label의 위치가 이동했다. 이처럼 x값을 변경하면 가로 위치를 변경할 수 있다. 스스로 position의 좌표값을 조정해가며 Position에 대한 개념을 익혀보자.

Anchor Point

Anchor를 직역하면 닻이라는 뜻이다. 닻은 배를 바다에서 한 위치에 고정시키는 역할을 한다. Anchor Point도 마찬가지로 Sprite나 Label과 같은 객체의 고정 점을 변경하는 역할을 한다. 기본적으로는 중앙이 고정 점이지만 AnchorPoint로 객체의 왼쪽 아래 또는 오른쪽 위로 바꿀 수 있다.

[예제 8-2]

```
function PositionExam () {
    PositionExam.superclass.constructor.call(this)

    var label = new Label({ string:   '320, 240'
                          , fontName: 'Arial'
                          , fontSize: 76
                          , fontColor: 'yellow'
                          })

    label.position = ccp(320,240)

    // Anchor Point를 label의 중앙으로 지정
❶   label.anchorPoint = ccp(0.5,0.5)

    this.addChild(label)
}
```

[그림 8-4] Anchor Point 시작하기

그림 8-4에서 Label의 중앙에 찍힌 하얀 점이 바로 이 Label의 Anchor Point 다. 보다시피 위치값을 (320, 240)으로 지정했는데, 저 Anchor Point의 위치 가 바로 320, 240이 된다. 이 Anchor Point는 label.anchorPoint 또는 sprite. anchorPoint 와 같은 방법으로 설정할 수 있다.

Anchor Point의 지정은 geometry.Point를 사용하게 되는데, 일반 Position을 지정할 때처럼 ccp를 이용해 값을 변환하면 된다.

이러한 Anchor Point는 왼쪽 아래가 (0, 0)이고 오른쪽 위가 (1, 1)이 되며, 중앙 지점이 (0.5, 0.5)가 된다. Anchor Point는 실수형으로 소수점 단위까지 지정할 수 있다. 이를 쉽게 이해하고자 그림 8-5를 살펴보자.

[그림 8-5] Anchor Point와 수치

이번에는 실제로 Anchor Point를 수정해서 결과를 확인해보자. ❶번 코드를 아래와 같이 수정해보자.

```
label.anchorPoint = ccp(0.5,0.5)
label.anchorPoint = ccp(1,1)
```

그림 8-6을 보면 Anchor Point만을 바꿨을 뿐인데 Label의 위치가 변한 결과를 확인할 수 있다. label의 Anchor Point가 (1, 1)이 되면서 Label이 Anchor Point의 왼쪽 아래에 출력됐다.

이렇게 가운데 정렬이나 왼쪽 정렬, 오른쪽 정렬 등의 효과가 필요할 때 Anchor Point를 사용하면 손쉽게 정렬할 수 있다. 특히 Label에서 여러 줄의 텍스트를 출력하는 효과를 내고 싶을 때 Anchor Point의 도움 없이는 왼쪽 정렬을 구현하기가 쉽지 않다.

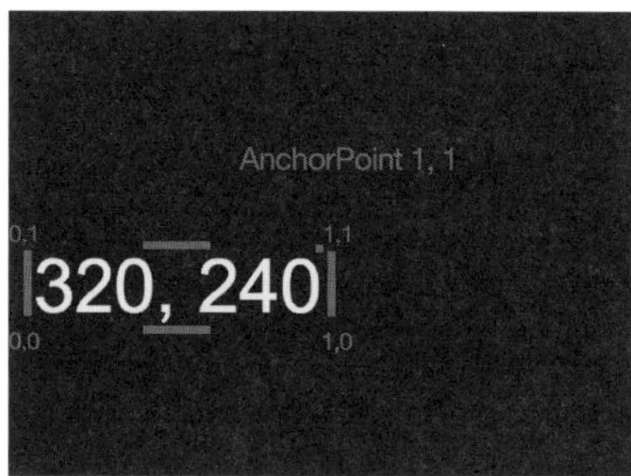

[**그림 8-6**] Anchor Point 변경하기

지금 이 상태에서 label의 위치를 그림 8-7처럼 출력되도록 바꿔보자.

[그림 8-7] Anchor Point 변경하기

이제는 코드를 아래와 같이 수정하면 된다는 사실을 쉽게 알 수 있다.

```
label.position = ccp(320,240)
label.position = ccp(640,480)
```

Anchor Point가 오른쪽 위로 이동함에 따라 화면의 끝인 (640, 480)와 일치하게 되고 이 Anchor Point를 기준으로 왼쪽 아래에 label을 출력하도록 Anchor Point를 (1, 1)로 지정했기 때문에 화면의 오른쪽 위에 딱 붙어서 출력된다. 이를 정리해서 살펴보면 다음과 같다.

-anchorPoint(0,0) : position 좌표 기준 오른쪽 위에 대상 출력.
-anchorPoint(0,1) : position 좌표 기준 오른쪽 아래에 대상 출력.
-anchorPoint(1,0) : position 좌표 기준 왼쪽 위에 대상 출력.
-anchorPoint(1,1) : position 좌표 기준 왼쪽 아래에 대상 출력.

이번에는 다음 코드를 보면서 Anchor Point의 활용법을 생각해보자.

[예제 8-3]

```
function PositionExam () {
PositionExam.superclass.constructor.call(this)

    var grossini = new nodes.Sprite({ file: "/resources/grossini.png"})
```

```
        grossini.position = ccp(100, 200)
        this.addChild(grossini)

        var sister = new nodes.Sprite({
                        file: "/resources/grossinis_sister1.png"})
        sister.position = ccp(200, 200)
        this.addChild(sister)

        var sister2 = new nodes.Sprite({
                        file: "/resources/grossinis_sister2.png"})
        sister2.position = ccp(300, 200)
        this.addChild(sister2)

        // Anchor Point 지정
        grossini.anchorPoint = ccp(0.5, 0.5)
        sister.anchorPoint = ccp(0.5, 0.5)
        sister2.anchorPoint = ccp(0.5, 0.5)
    }
```

[그림 8-8] Anchor Point를 이용한 Sprite 정렬

다음과 같이 Sprite를 출력했지만 세 사람의 키가 달라서 왼쪽의 키가 작아 슬픈 Grossini는 공중에 떠 있는 것처럼 보인다. 같은 세로 위치에 배치했는데도 말이다. 이때 하단의 발을 기준으로 맞추고 싶다면 다음과 같이 Anchor Point를 지정하는 부분을 수정한다.

```
grossini.anchorPoint = ccp(0.5, 0)
sister.anchorPoint = ccp(0.5, 0)
sister2.anchorPoint = ccp(0.5, 0)
```

결과를 확인해보면 세 사람 모두 사이좋게 나란히 서 있는 모습을 볼 수 있다.

Anchor Point를 (0.5, 0)으로 변경해 고정점을 아래로 변경했다. 그 결과 Sprite의 최하단인 발을 기준으로 정렬할 수 있다.

이러한 Position과 Anchor Point는 Sprite, Label, Menu 등 Cocos2D 전반에서 사용되므로 확실하게 개념을 익혀두자.

[그림 8-9] Anchor Point를 이용한 Sprite 정렬

09

Cocos2D Input Event

영화나 TV는 한 쪽 방향으로만 통신할 수 있는 단방향 매체다. 이런 단방향 매체와 게임의 가장 큰 차이점은 뭘까? 바로 게임은 사용자와 상호작용한다는 점이다. 사용자의 입력에 따라 총알이 발사되고 주인공이 점프한다. 그러므로 게임에서 사용자의 입력을 처리하는 일은 중요한 것을 넘어서 필수라고 할 수 있다. 이번 장에서는 이런 사용자 입력을 어떻게 처리하는지 알아보자.

Input Event 시작하기

본격적인 Input Event를 알아보기 전에 Cocos2D에서는 어떤 Input Event를 처리할 수 있는지 살펴보자.

```
▶  keyDown ( evt: * ) : void
▶  keyUp ( evt: * ) : void
▶  mouseDown ( evt: * ) : void
▶  mouseDragged ( evt: * ) : void
▶  mouseMoved ( evt: * ) : void
▶  mouseUp ( evt: * ) : void
```

[그림 9-1] Cocos2D Input Event

Cocos2D에서는 마우스와 키보드에 의한 입력을 처리할 수 있는데 세부적인 내용은 그림 9-1과 같다. 보는 바와 같이 매우 간단하지만 게임을 만들기에는 이 정도면 충분하다.

다만 모바일 장치에서는 문제가 발생할 수 있다. 터치 이벤트는 마우스 이벤트로 처리할 수 있지만 가속도 센서나 카메라, GPS, 마이크 등 브라우저에서 제어할 수 없는 장치가 있기 때문이다. 이런 장치를 게임에서 활용하려면 일반적인 웹애플리케이션에서 이러한 장치를 사용하는 방법을 참고하면 된다. 간단하게 소개하자면 웹뷰에 Cocos2D 프로젝트를 띄우고 네이티브 코드로 이벤트를 감지해 상호작용하며 처리하는 방법이 있고, 폰갭(PhoneGap)과 같이 웹애플리케이션을 네이티브 애플리케이션으로 감싸는 장치를 이용하는 방법이 있다. 본 서적에서는 Cocos2D에서 지원하는 Input Event만 다루는 관계로 관련 내용을 소개하지 않지만 검색을 통해 쉽게 관련 내용을 찾아볼 수 있다.

예외적으로 DeviceMotion, DeviceOrientation과 같은 가속도 센서 관련 이벤트를 자바스크립트에서 처리할 수 있다. 단, W3C에서 관련 스펙을 정의했지만 iOS 4.2 이상을 제외한 다른 환경에서는 관련 API를 원활하게 지원하고 있지는 않으니 참고하길 바란다. 이에 관한 API 표준은 아래 사이트를 참조하자.

http://dev.w3.org/geo/api/spec-source-orientation.html

Keyboard Events

이제부터 본격적으로 Input Event를 시작해보자. 먼저 키보드 입력에 따른 이벤트 처리를 살펴보기 위해 프로젝트를 준비한다.

01. 먼저 새로운 프로젝트를 하나 만들어보자. 시작 〉 프로그램 〉 Cocos2d JavaScript 〉 Create new project를 실행하고 원하는 경로(필자는 바탕화면을 주로 사용한다)에 프로젝트 폴더(InputEventsExam)를 생성한 후 확인 버튼을 누른다.

02. 프로젝트가 생성되면 리소스를 추가하기 위해 Cocos2d가 설치된 폴더로 가보자. 기본 설정으로 설치했다면 Cocos2d가 설치된 경로는 C:/Program Files /Cocos2D

JavaScript일 것이다. 해당 폴더의 하위 폴더인 tests/assets/tests/resources에 가보면 프로젝트에 사용할 그림 파일이 있다. 이 resources 폴더를 통째로 복사해서 방금 만든 프로젝트 폴더의 /src에 복사한다.

03. /src/main.js를 열어 InputEventsExam () 부분만 다음과 같이 수정한다.

[예제 9-1]

```javascript
// label을 InputEventsExam() 함수 외부에서 사용하기 위한 선언
var label

function InputEventsExam() {

    InputEventsExam.superclass.constructor.call(this)

    // 마우스 사용 설정
    this.isMouseEnabled = true

    // 키보드 사용 설정
    this.isKeyboardEnabled = true

    label = new Label({ string: '키보드 이벤트'
                    , fontName: 'Arial'
                    , fontSize: 40
                    })

    label.position = ccp(0,240)
    label.anchorPoint = ccp(0, 0)

    this.addChild(label)
}
```

label을 InputEventsExam() 함수 밖에서도 사용할 수 있게 함수 외부에서 전역변수로 선언하고 키보드와 마우스 사용 설정을 한 것 말고는 간단히 Label을 만들어서 출력하는 코드다. 특징적인 부분을 살펴보면 다음과 같다.

```javascript
this.isKeyboardEnabled = true
```

위 코드는 키보드 사용을 설정하는 코드로 상위 클래스 생성자를 호출하는 함수에서 설정해야 한다. 간단한 코드지만 기본값은 false로 해당 코드가 없으면 키보드에 대한 이벤트를 사용할 수 없다. 마찬가지로 마우스를 사용하고 싶을 때는 같은 방법으로 this.isMouseEnabled = true 코드를 추가해야 한다.

이번에는 키보드를 눌렀을 때의 실질적인 이벤트 처리 부분을 구현해보자. main.js 소스에서 InputEventsExam() 함수를 다음과 같이 수정한다.

[예제 9-2]

```
InputEventsExam.inherit(Layer)
InputEventsExam.inherit(Layer, {
    keyDown : function (evt) {  // 키보드가 눌렸을 때
        label.string = "키보드가 눌렸어요"
    },
    keyUp : function (evt) {  // 키보드가 눌렸다가 떼어졌을 때
        label.string = "키보드에서 손이 떨어졌어요"
    }
})
```

[그림 9-2] keyDown 이벤트

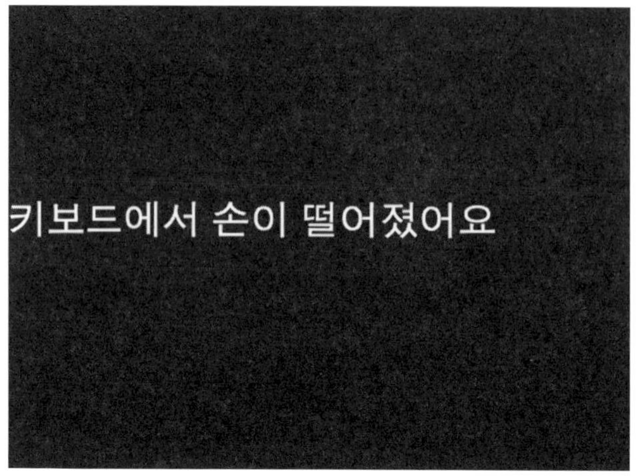

[**그림 9-3**] keyUp 이벤트

결과를 확인해보면 '키보드 이벤트'라고 적혀 있던 Label이 아무 키나 입력하면 그림 9-2와 같은 화면으로 변했다가 키에서 손을 떼면 그림 9-3과 같이 변한다. 즉, 위의 keyDown과 keyUp이 키보드 이벤트를 감지하는 것을 알 수 있다.

하지만 지금 상태로는 단지 키보드가 눌렸는지 또는 키보드에서 손을 뗐는지만 알 수 있다. 키보드의 어떤 키가 눌렸는지와 같은 상세한 정보를 얻으려면 어떻게 해야 할까?

```
keyDown : function (evt) { ... }
```

이 경우 키보드 입력을 감지하는 부분의 evt 인자를 확인하면 된다. evt에는 발생한 이벤트에 관한 여러 가지 정보가 있어서 evt 인자를 살펴보면 어떤 키가 눌렸는지 알 수 있다.

그림 9-4를 보면 브라우저의 개발자 도구로 살펴본 evt의 구조를 볼 수 있다. KeyIdentifier를 보면 Enter키를 입력했음을 알 수 있다. 이와 함께 의미가 있는 부분은 keyCode다. keyCode 역시 사용자가 어떤 키를 입력했는지 알 수 있는 부분으로 keyCode 13은 Enter키를 의미한다.

```
▼ KeyboardEvent
    altGraphKey: false
    altKey: false
    bubbles: true
    cancelBubble: false
    cancelable: true
    charCode: 0
    clipboardData: undefined
  ▶ constructor: KeyboardEventConstructor
    ctrlKey: false
    currentTarget: null
    defaultPrevented: false
    detail: 0
    eventPhase: 0
    keyCode: 13
    keyIdentifier: "Enter"
    keyLocation: 0
    layerX: 0
    layerY: 0
    metaKey: false
    pageX: 0
    pageY: 0
    returnValue: true
    shiftKey: false
  ▶ srcElement: HTMLBodyElement
  ▶ target: HTMLBodyElement
    timeStamp: 1334293554842
    type: "keydown"
  ▶ view: DOMWindow
    which: 13
  ▶ __proto__: KeyboardEventPrototype
```

[그림 9-4] Keyboard 이벤트

주로 사용하는 속성은 keyCode로 자바스크립트에서 사용하는 keyCode와 같으
며, 어떤 키에 어떤 keyCode가 대응하는지는 다음 표를 참조하길 바란다.

입력키	keyCode	입력키	keyCode	입력키	keyCode
←(백스페이스)	8	PAUSEBREAK	19	PAGEUP	33
Tab	9	CAPSLOOK	20	PAGEDN	34
Enter	13	한/영	21	END	35
Shift	16	한자	25	HOME	36
Ctrl	17	ESC	27	INSERT	45
Alt	18	스페이스	32	DELETE	46
←(중간)	37	0	48	A	65
↑(중간)	38	1	49	B	66

입력키	keyCode	입력키	keyCode	입력키	keyCode
→(중간)	39	2	50	C	67
↓(중간)	40	3	51	D	68
0(오른쪽)	96	4	52	E	69
1(오른쪽)	97	5	53	F	70
2(오른쪽)	98	6	54	G	71
3(오른쪽)	99	7	55	H	72
4(오른쪽)	100	8	56	I	73
5(오른쪽)	101	9	57	J	74
6(오른쪽)	102	윈도우(좌측)	91	K	75
7(오른쪽)	103	윈도우(우측)	92	L	76
8(오른쪽)	104	기능키	93	M	77
9(오른쪽)	105	₩(중간)	220	N	78
.(오른쪽)	110	'(왼쪽콤마)	192	O	79
/(오른쪽)	111	-(중간)	189	P	80
*(오른쪽)	106	=	187	Q	81
+(오른쪽)	107	SCROLLLOCK	145	R	82
-(오른쪽)	109	NUMLOCK	144	S	83
F1	112	F7	118	T	84
F2	113	F8	119	U	85
F3	114	F9	120	V	86
F4	115	F10	121	W	87
F5	116	F11	122	X	88
F6	117	F12	123	Y, Z	89, 90

keyCode 외에 키보드 이벤트에서 활용할 만한 속성을 몇 가지 소개하자면 다음과 같다.

- **altKey** : Alt키가 함께 눌렸는지 여부
- **ctrlKey** : Ctrl 키가 함께 눌렸는지 여부
- **shiftKey** : Shift 키가 함께 눌렸는지 여부

이번에는 간단하게 방향키로 Label을 움직이기 위해 이벤트 처리 부분의 코드를
다음과 같이 수정해보자.

[예제 9-3]

```
InputEventsExam.inherit(Layer, {
    keyDown : function (evt) {
        // 어떤 키가 눌렸는지 알기 위해 evt.keyCode 참조
        switch (evt.keyCode) {
            // 좌측 방향키가 눌려지면 label이 좌측으로 이동
            case 37: {
                label.position = ccp(label.position.x - 10, label.position.y)
                break;
            }
            // 위쪽 방향키가 눌려지면 label이 위로 이동
            case 38: {
                label.position = ccp(label.position.x, label.position.y + 10)
                break;
            }
            // 우측 방향키가 눌려지면 label이 오른쪽으로 이동
            case 39: {
                label.position = ccp(label.position.x + 10, label.position.y)
                break;
            }
            // 아래쪽 방향키가 눌려지면 label이 아래로 이동
            case 40: {
                label.position = ccp(label.position.x, label.position.y - 10)
                break;
            }
        }
    }
})
```

예제를 실행하면 키보드 방향키의 입력에 따라 label의 위치가 바뀌는 것을 확인할 수 있다. 이런 키보드 이벤트를 이용해 주인공을 이동시키거나 메뉴를 호출하는 이벤트를 구현할 수 있다.

Mouse Events

키보드 이벤트 처리에 이어 마우스 이벤트 처리 방법을 알아보자. 마우스 처리는 모바일 기기의 터치 이벤트와도 대응하므로 모바일 게임 개발에 관심 있는 사람은 특히 주의 깊게 살펴보기 바란다.

[예제 9-4]

```
// sprite와 label을 InputEventsExam() 함수 외부에서 사용하기 위한 선언
var sprite
var label

function InputEventsExam () {
    InputEventsExam.superclass.constructor.call(this)

    // 마우스 사용 설정
    this.isMouseEnabled = true
    this.isKeyboardEnabled = true

    label = new Label({ string:   '마우스 이벤트'
                    , fontName: 'Arial'
                    , fontSize: 40
                    })
    label.position = ccp(320,400)
    this.addChild(label)

    sprite = new nodes.Sprite({ file : '/resources/grossini.png' })
    sprite.position = ccp(320,240)
```

```
        this.addChild(sprite)
    }

InputEventsExam.inherit(Layer, {
    // 마우스로 클릭할 때
    mouseDown:function (evt) {
        label.string = "mouseDown"
    },
    // 마우스로 드래그할 때
    mouseDragged:function (evt) {
        label.string = "mouseDragged"
    },
    // 마우스를 움직일 때
    mouseMoved:function (evt) {
        label.string = "mouseMoved"
    },
    // 마우스를 클릭했다가 버튼에서 손을 뗄 때
    mouseUp:function (evt) {
        label.string = "mouseUp"
    },
})
```

Cocos2D의 마우스 관련 이벤트는 mouseDown, mouseDragged, mouseMoved, mouseUp으로 네 개의 이벤트가 있다. 구체적으로 어떤 이벤트가 언제 발생하는지는 예제 9-4를 실행해보고 직접 눈으로 확인하자. 마우스를 눌러도 보고 마우스 버튼에서 손을 떼 보자. 화면의 label이 mouseDown에서 mouseUp으로 변화하는 것을 볼 수 있다. 마우스 커서를 움직이면 label이 mouseMoved로 변하고 마우스로 드래그하면 mouseDragged로 바뀔 것이다.

이처럼 사용자가 마우스로 어떤 조작을 했는지 감지해서 이벤트에 따라 처리할 수 있다.

[그림 9-5]

이런 마우스 이벤트에서도 키보드와 유사한 궁금증이 생긴다. 마우스를 클릭했을 때 마우스의 위치를 어떻게 알아낼까? 이벤트에 관한 구체적인 이벤트에 관한 정보는 키보드 이벤트와 마찬가지로 evt에 담겨 있다. evt에서 활용할 만한 속성만 소개하자면 다음과 같다.

- evt. locationInCanvas.x: 캔버스에서 마우스 커서의 X 좌표
- evt. locationInCanvas.y: 캔버스에서 마우스 커서의 Y 좌표
- evt. locationInWindow.x: 브라우저 창을 기준으로 마우스 커서의 X 좌표
- evt. locationInWindow.y: 브라우저 창을 기준으로 마우스 커서의 Y 좌표
- evt.button: 눌려진 버튼 감지. 좌측 버튼(0), 우측 버튼(2), 가운데 버튼(1).

이번에는 이런 evt 속성을 이용해 마우스를 누른 지점으로 Grossini가 이동하는 예제를 만들어보자. 이벤트 핸들러 부분의 코드를 다음과 같이 수정한다.

[예제 9-5]

```
InputEventsExam.inherit(Layer, {

    // 마우스를 눌렀을 때
    mouseDown:function (evt) {
        label.string = "mouseDown"

        // sprite의 위치를 마우스의 위치로 변경한다.
        sprite.position = ccp(evt.locationInCanvas.x,
                              evt.locationInCanvas.y)
    },

    // 마우스를 드래그할 때
    mouseDragged:function (evt) {
        label.string = "mouseDragged"

        // sprite의 위치를 마우스의 위치로 변경한다.
        sprite.position = ccp(evt.locationInCanvas.x,
                              evt.locationInCanvas.y)
    },

    mouseMoved:function (evt) {
        label.string = "mouseMoved"
    },

    mouseUp:function (evt) {
        label.string = "mouseUp"
    }

})
```

[그림 9-6]

결과를 확인해보자. 이제 마우스를 누르면 그 지점으로 Grossini가 이동한다. 또 마우스를 누른 채로 움직여도 Grossini가 따라 움직이는 것을 볼 수 있다. 그 이유는 mouseDown 외에 mouseDragged 이벤트에도 Grossini의 위치를 변경하는 코드를 넣었기 때문이다.

10
Cocos2D Actions

Cocos2D는 액션으로 캐릭터의 이동이나 점프, 애니메이션 등의 변화를 줄 수 있다. 캐릭터 이동은 position 속성을 변경해 움직이게 구현할 수도 있지만 position과 같은 속성을 이용해 점프나 바운스 같은 행동을 구현하려면 포물선을 그리기 위한 수학적인 계산과 설계 등에 너무나 많은 에너지를 소모해야 한다. 하지만 액션을 사용하면 아주 손쉽게 이런 행동을 구현할 수 있다. 이 장에서는 이러한 액션을 사용해 캐릭터에게 생명을 불어넣어 보자. 액션은 Sprite뿐 아니라 Label이나 Menu에도 적용할 수 있다.

Action 시작하기

01. 먼저 새로운 프로젝트를 하나 만들어보자. 시작 〉 프로그램 〉 Cocos2d JavaScript 〉 Create new project를 실행하고 원하는 경로(필자는 바탕화면을 주로 사용한다)에 프로젝트 폴더(ActionExam)를 생성한 후 확인 버튼을 누른다.

02. 프로젝트가 생성되면 리소스를 추가하기 위해 Cocos2d가 설치된 폴더로 가보자. 기본 설정으로 설치했다면 Cocos2d가 설치된 경로는 C:/Program Files /Cocos2D JavaScript일 것이다. 해당 폴더의 하위 폴더인 tests/assets/tests/resources에 가보면 프로젝트에 사용할 그림 파일이 있다. 이 resources 폴더를 통째로 복사해 방금 만든 프로젝트 폴더의 /src에 복사한다.

03. 우선 각종 Action을 적용할 준비를 하기 위해 Sprite를 이용해 Grossini를 추가해보자.
/src/main.js를 열어 ActionExam() 부분만 다음과 같이 수정한다.

[예제 10-1]

```
function ActionExam() {
    ActionExam.superclass.constructor.call(this)

    var label = new Label({ string:   'Action Exam'
                          , fontName: 'Arial'
                          , fontSize: 76
                          })
    label.position = ccp(320,390)
    this.addChild(label)

    var sprite = new nodes.Sprite({file : '/resources/grossini.png'})
    sprite.position = ccp(220,140)
    sprite.anchorPoint = ccp(1,0)
    this.addChild(sprite)
}
```

그림 10-1과 같은 결과가 출력되면 준비 완료다. 이제부터 Grossini에게 각종 액
션을 적용해보자.

[**그림 10-1**] 액션 시작하기

Basic actions

문자 그대로 기본적인 액션을 말한다. 조금 더 풀어서 이야기하면 기본 속성을 수정하는 액션으로 앞에서 알아본 Sprite에는 position이나 opacity 같은 속성이 있는데 이런 속성을 변경하는 액션이 바로 Basic actions다. 이런 기본적인 액션에 대해 자세히 알아보자.

MoveTo

지정한 객체를 다른 위치로 이동하는 애니메이션을 구현하는 액션이다. 코드를 다음과 같이 수정해서 직접 눈으로 확인해보자.

[예제 10-2]

```
function ActionExam () {
    ActionExam.superclass.constructor.call(this)

    var sprite = new nodes.Sprite({file : '/resources/grossini.png'})
    sprite.position = ccp(220,140)
    sprite.anchorPoint = ccp(1,0)
    this.addChild(sprite)

    // MoveTo 액션 생성
    var action = new cocos.actions.MoveTo({duration: 0.5,
                                position: new geo.Point(420, 140)})
    // sprite에 방금 생성한 MoveTo 액션 적용
    sprite.runAction(action)
}
```

결과를 살펴보면 Grossini가 움직이는 모습을 볼 수 있다. MoveTo 액션의 세부 속성은 다음과 같다.

```
new MoveTo ({duration:Float,position:geometry.Point})
```

duration은 액션의 전체 길이로 초 단위로 실수값을 지정할 수 있다. 예제 10-2 에서는 duration을 0.5로 지정했는데, 이는 0.5초 동안 이동한다는 뜻이다. 이 숫 자가 작을수록 이동 속도가 빨라지고 클수록 이동 속도가 느려진다. Position은 객체가 이동할 위치로 예제에서는 geo.Point를 사용했지만 position 속성을 지 정하듯이 ccp를 이용해도 된다.

[그림 10-2] MoveTo 액션

MoveBy

MoveBy는 MoveTo와 마찬가지로 지정한 객체를 다른 위치로 이동하는 애니메 이션을 구현하는 액션이다. MoveTo와의 차이점은 MoveTo는 절대 좌표를 이동 점으로 지정하고 MoveBy는 상대 좌표를 지정한다. 예를 들어, MoveTo를 사용 할 때 (420, 140) 지점으로 이동하라고 지정하면 현재 위치가 어디에 있든지 해당 지점으로 이동한다. 반면 MoveBy는 왼쪽으로 100만큼 이동하라거나 위로 50만 큼 이동하라와 같이 현재 좌표를 기준으로 변화량을 지정한다. 자세한 내용은 코 드를 수정해서 직접 눈으로 확인하자.

```
var action = new cocos.actions.MoveTo({duration: 0.5,
                        position: new geo.Point(420, 140)})
var action = new cocos.actions.MoveBy({duration: 0.5,
                        position: new geo.Point(100, 0)})
```

[**그림 10-3**] MoveBy 액션

결과를 보면 현재 위치부터 x 좌표가 100만큼 이동한 것을 확인할 수 있다. 실제로는 MoveTo보다 MoveBy 가 더 자주 쓰인다. 주인공이나 적, 총알 등을 움직일 때는 자신의 위치에서 일정한 속도로 이동하기 때문이다. MoveTo와 MoveBy의 차이점을 확실히 습득해 적절히 사용하자.

JumpTo

[예제 10-3]

```
function ActionExam () {
    ActionExam.superclass.constructor.call(this)

    var sprite = new nodes.Sprite({file : '/resources/grossini.png'})
    sprite.position = ccp(220,140)
```

```
        sprite.anchorPoint = ccp(1,0)
        this.addChild(sprite)

        // Jump 액션 생성
        var action = new cocos.actions.JumpTo({ duration: 1,
                delta: new geo.Point(300, 0),  height: 200, jumps: 1 })
        sprite.runAction(action)
    }
```

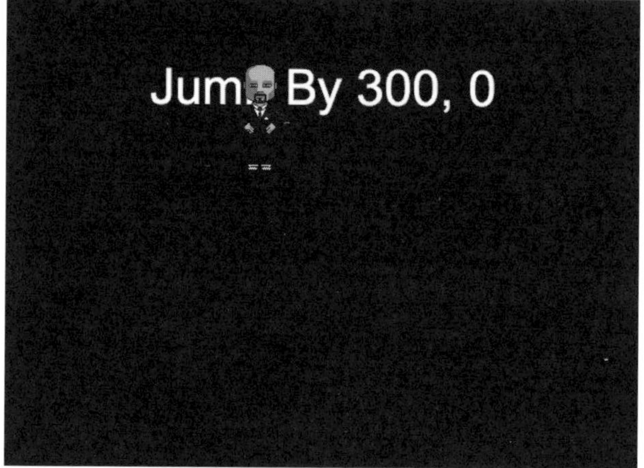

[그림 10-4] JumpBy 액션

Grossini가 멋지게 커다란 점프를 하는 모습을 볼 수 있다. 이번에는 Jump 액션
의 속성을 상세히 살펴보자.

```
new JumpTo ({duration:Float, delta:geometry.Point,
            height:Float, jumps:Int})
```

duration은 MoveTo에서와 같이 액션의 길이를 지정하며 초 단위로 실수형 값을
입력한다. 여기서는 점프를 시작해서 끝날 때까지의 시간을 의미한다. delta에는

점프가 끝났을 때 위치할 좌표값을 지정한다. height는 점프의 높이로 실수값을
지정할 수 있고 jumps는 점프 횟수를 정수값으로 지정한다.

```
var action = new cocos.actions.JumpTo({ duration: 1,
                delta: new geo.Point(300, 0),  height: 200, jumps: 1 })
var action = new cocos.actions.JumpTo({ duration: 1,
                delta: new geo.Point(300, 0),  height: 400, jumps: 3 })
```

이번에는 height와 jumps 값을 바꿔서 결과를 확인해보자. 점프의 높이가 높아
지고 횟수가 잦아지면서 굉장히 방정맞은 Grossini를 볼 수 있다. 이처럼 값을 변
경함에 따라 다양한 효과를 낼 수 있다.

JumpBy

MoveTo와 MoveBy의 차이와 마찬가지로 delta에서의 지정 좌표가 절대적이냐
상대적이냐의 차이가 있을 뿐 역할이나 속성은 같다.

BezierTo

베지어 곡선을 알고 있는가? 바로 그 베지어 곡선에 따라 움직임을 주는 액션이
BezierTo다. 베지어 곡선에 관한 자세한 내용은 이 책의 범위를 벗어나므로 자세
한 사항은 검색을 활용하자.

베지어 곡선에 대해 간략히 말하자면 두 개 또는 세 개의 점을 설정하고 그 점에
따라 변화하는 곡선을 말한다. 베지어 곡선의 특징 가운데 하나는 설정한 점에는
절대 닿지 않는다는 것이다. 참고로 베지어 곡선은 주로 포탄 궤도와 같은 포물선
이동을 구현할 때 이용한다.

그림을 통해 살펴보면 다음과 같다.

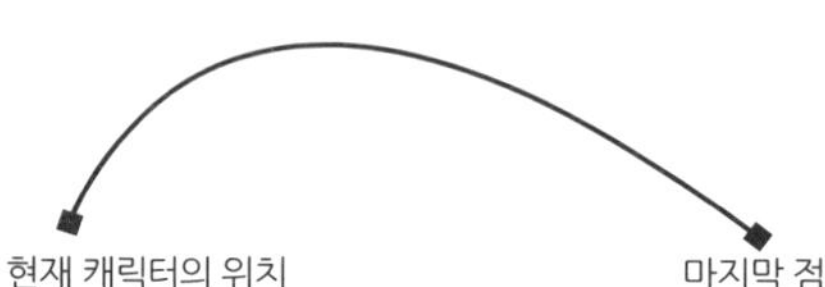

[그림 10-5] 점을 두 개 설정했을 때

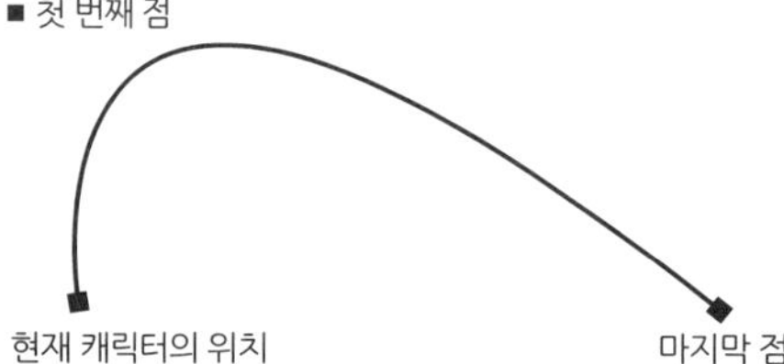

[그림 10-6] 점을 세 개 설정했을 때

보다시피 점이 곡선을 잡아당기는 느낌으로 변화한다고 이해하면 편할 것이다.

그럼 베지어 곡선을 이용한 예제를 만들어보자.

[예제 10-4]

```javascript
function ActionExam () {
    ActionExam.superclass.constructor.call(this)

    var sprite = new nodes.Sprite({file : '/resources/grossini.png'})
    sprite.position = ccp(220,140)
    sprite.anchorPoint = ccp(1,0)
    this.addChild(sprite)
```

```javascript
// 베지어 곡선의 점을 설정해 베지어 곡선 생성
var bezierCurve = new geo.BezierConfig()
bezierCurve.controlPoint1 = new geo.Point(220, 240)
bezierCurve.controlPoint2 = new geo.Point(320, 240)
bezierCurve.endPosition  = new geo.Point(420, 140)

// 설정한 베지어 곡선에 따라 액션 생성
var action = new cocos.actions.BezierTo({ duration: 2,
                                          bezier: bezierCurve })
sprite.runAction(action)
}
```

결과를 확인해보면 그림 10-6에서 설정한 궤도대로 Grossini가 움직이는 모습을 볼 수 있다.

예제 10-4를 보면 베지어 곡선을 액션으로 사용하기 위해 먼저 베지어 곡선을 생성하고 생성한 곡선을 액션으로 변환했다.

```javascript
new BezierConfig (controlPoint1:geometry.Point,
             controlPoint2:geometry.Point, endPoint:geometry.Point)
```

BezierConfig로 베지어 곡선을 생성하며 모든 속성은 geometry.Point라는 좌표 값을 가진다. 그림 10-6을 이용해 설명하면 controlPoint1은 첫 번째 점이 되고 controlPoint2는 두 번째 점이 되며 endPoint는 마지막 점이 된다. 그림 10-5와 같이 점을 두 개만 설정하고 싶을 때는 controlPoint2에도 첫 번째 점의 좌표값을 입력하면 된다.

이렇게 만든 베지어 곡선을 액션으로 이용하려면 BezierTo나 BezierBy를 이용한다. 세부 속성은 다음과 같다.

```javascript
new BezierTo ({bezier:geometry.BezierConfig,duration:Float})
```

bezier에는 위에서 알아본 BezierConfig를 입력하고 duration에는 여태까지의
액션과 마찬가지로 액션이 시작해서 끝날 때까지의 길이를 입력한다.

BezierBy

Move, Jump와 마찬가지로 좌표값의 의미만 상대적으로 바뀔 뿐이므로 추가적
인 설명은 하지 않겠다. 좌표값도 다양하게 바꿔서 개념을 잘 이해하면 나중에 게
임을 개발할 때 많이 도움될 것이다.

Place

Place는 아주 간단한 액션으로 지정한 좌표로 순간이동 하는 액션 정도로 생각하
면 된다. 예제를 통해 결과를 눈으로 직접 확인해보자.

[예제 10-5]

```
function ActionExam () {
    ActionExam.superclass.constructor.call(this)

    var sprite = new nodes.Sprite({file : '/resources/grossini.png'})
    sprite.position = ccp(220,140)
    sprite.anchorPoint = ccp(1,0)
    this.addChild(sprite)

    // Place 액션 생성
    var action = new cocos.actions.Place({
                                position: new geo.Point(640, 240)})
    sprite.runAction(action)
}
```

[그림 10-7] Place 액션

Place 액션은 단지 위치만 변경할 뿐이며 다음 코드처럼 position 속성을 변경하는 코드과 같은 기능을 한다.

```
sprite.position =new geo.Point(640, 240)
```

ScaleTo

ScaleTo는 객체의 크기를 비율로 변화하는 액션이다. 단순하고 직관적으로 이해하기 쉬우므로 바로 실습해 보자.

[예제 10-6]

```
function ActionExam () {
    ActionExam.superclass.constructor.call(this)

    var sprite = new nodes.Sprite({file : '/resources/grossini.png'})
    sprite.position = ccp(220,140)
    sprite.anchorPoint = ccp(1,0)
    this.addChild(sprite)
```

```
    // ScaleTo 액션 생성
    var action = new cocos.actions.ScaleTo({duration: 1, scale:2})
    sprite.runAction(action)
  }
```

결과를 확인해보면 Grossini가 점점 커지는 모습을 볼 수 있다.

```
new ScaleTo ({duration:Float, [scale:Float],
             [scaleX:Float], [scaleY:Float]})
```

duration에는 액션의 길이로 크기가 커지기 시작해서 지정한 크기가 될 때까지의 시간을 지정하고 scale에는 얼마만큼 커질 것인지를 실수형으로 지정할 수 있다. 이때 원래 크기 1을 기준으로 원래 크기에 대한 배수를 지정한다. 즉, 2를 지정하면 원래 크기의 2배가 된다. scaleX와 scaleY도 마찬가지인데, scale을 설정하면 너비와 높이가 같이 변화하지만 scaleX만 지정하면 너비만 변화하고 scale Y만 지정하면 높이만 변화한다.

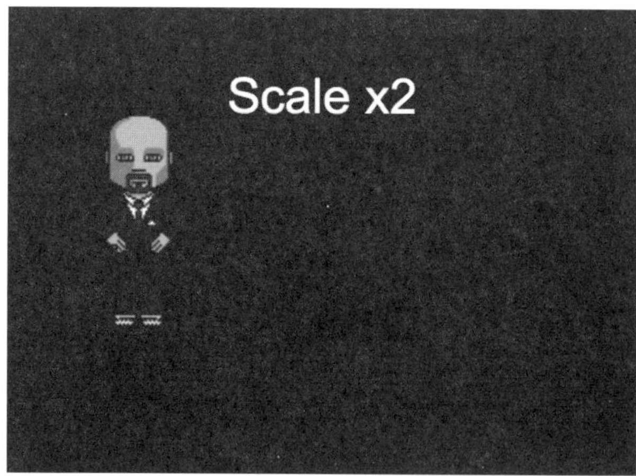

[그림 10-8] ScaleTo 액션

이번에는 scaleX와 scaleY를 이용해 가로와 세로의 비율을 다르게 해보자.

```
var action = new cocos.actions.ScaleTo({duration: 1, scale:2})
var action = new cocos.actions.ScaleTo({duration: 1, scaleX:2, scaleY:3 })
```

결과는 그림 10-9와 같다. 한 가지 주의할 점은 scaleX나 scaleY를 사용하면 scale 속성을 사용할 수 없고 scaleX와 scaleY를 모두 사용해야 한다는 것이다. 예를 들어, 가로의 비율만 변경하고 세로의 비율은 변경하지 않으려면 다음과 같은 형태로 scaleY에 1을 지정해야 한다.

```
var action = new cocos.actions.ScaleTo({duration: 1, scaleX:2, scaleY:1 })
```

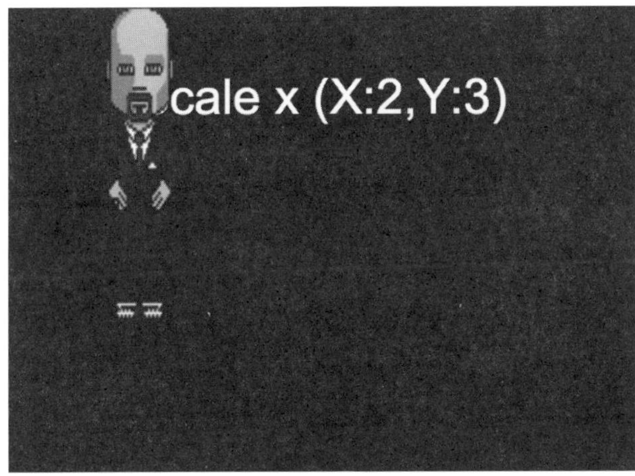

[그림 10-9] scaleX와 scaleY 액션

ScaleBy

이제는 ScaleTo와 ScaleBy의 차이를 짐작할 것이다. ScaleTo는 지정한 크기로 변화하는 것이고 ScaleBy는 현재 크기를 기준으로 변화한다.

[예제 10-7]

```
function ActionExam () {
    ActionExam.superclass.constructor.call(this)

    var sprite = new nodes.Sprite({file : '/resources/grossini.png'})
    sprite.position = ccp(220,140)
    sprite.anchorPoint = ccp(1,0)
    this.addChild(sprite)

    // 현재 크기를 1.5배로 설정
    sprite.scale = 1.5

    // ScaleBy 액션 생성
    var action = new cocos.actions.ScaleBy({duration: 1, scale:2})
    sprite.runAction(action)
}
```

예제 10-7을 보면 sprite의 최초 크기를 1.5로 설정하고 ScaeBy 액션에서 scale 을 2로 설정했으므로 액션이 끝나면 sprite의 크기는 3배가 된다. 같은 액션 을 ScaleTo로 바꾼다면 액션이 끝날 때 sprite의 크기는 2배이므로 ScaleBy와 ScaleTo의 차이를 확실히 알 수 있다.

[그림 10-10] scaleBy 액션

RotateTo

RotainTo는 객체를 원하는 각도만큼 회전시키는 액션으로 이해하면 된다. 코드를 다음과 같이 바꿔 보자.

[예제 10-8]

```
function ActionExam () {
    ActionExam.superclass.constructor.call(this)

    var sprite = new nodes.Sprite({file : '/resources/grossini.png'})
    sprite.position = ccp(220,140)
    sprite.anchorPoint = ccp(1,0) // Anchor Point 지정
    this.addChild(sprite)

    // RotateTo 액션 생성
    var action = new cocos.actions.RotateTo({duration: 1, angle: 90})
    sprite.runAction(action)
}
```

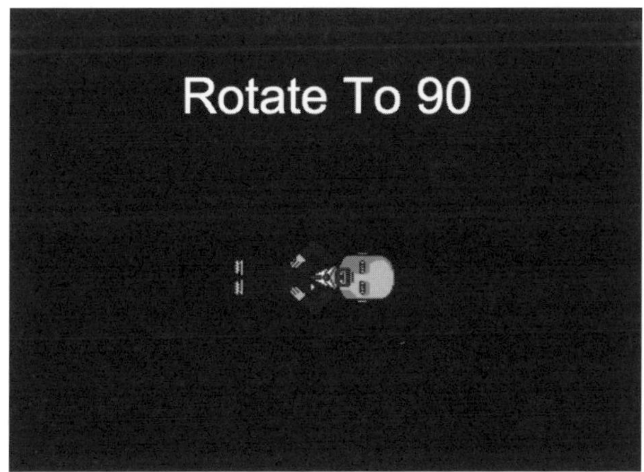

[그림 10-11] RotateTo 액션

보다시피 Grossini가 90도를 돌아서 누워있는 모습을 볼 수 있다. 이런 RotateTo 액션의 특징은 회전할 때의 기준점이 Anchor Point의 영향을 받는다는 점이다.

다음과 같이 Anchor Point를 변경하고 결과를 확인해보면 회전하는 모습이 달라진다.

```
sprite.anchorPoint = ccp(1,0)
sprite.anchorPoint = ccp(1,1)


new RotateTo ({duration:Float,angle:Float})
```

RotateTo 액션의 원형은 위와 같으며, duration에는 회전이 시작해서 끝날 때까지의 시간을 지정할 수 있고 angle에는 회전할 각도를 지정한다. Angle에는 실수형으로 0~359까지의 값을 입력할 수 있다.

RotateBy

RotateTo와 RotateBy의 기능과 속성은 같다. 단, 현재 각도가 45도일 때 RotateTo에서의 angle을 90으로 입력하면 각도가 90도로 변하지만 RotateBy에서 angle을 90으로 입력하면 45도에 90도를 더한 135도가 된다.

Hide

Hide는 화면에서 객체를 보이지 않게 만든다. visible 속성을 변경하는 것과 같다.

[예제 10-9]

```
function ActionExam () {
    ActionExam.superclass.constructor.call(this)

    var sprite = new nodes.Sprite({file : '/resources/grossini.png'})
```

```
        sprite.position = ccp(220,140)
        sprite.anchorPoint = ccp(1,0)
        this.addChild(sprite)

        var action = new cocos.actions.Hide()
        sprite.runAction(action)

        // Show 액션 추가 부분
        // var action = new cocos.actions.Show()
        // sprite.runAction(action)
    }
```

Show

예제 10-9의 Show 액션 아랫부분의 주석을 제거하고 결과를 확인해보면
Grossini의 모습이 보이는 것을 확인할 수 있다.

ToggleVisibility

ToggleVisibility는 현재 객체가 보이면 보이지 않게 하고(Hide), 보이지 않으면
보이게(Show) 만드는 토글과 같은 역할을 하는 액션이다.

코드를 한번 수정해보자

```
    var action = new cocos.actions.Show()
    var action = new cocos.actions.ToggleVisibility()
```

현재 Hide 상태에서 ToggleVisibilty 액션이 가해지면 Show 상태로 전환되어
Grossini가 모습을 드러낸다. 여기서 한 번 더 ToggleVisibility 액션을 주면 다
시 Hide 상태로 바뀐다.

Blink

Blink는 깜박이는 효과를 연출할 수 있는 액션으로 예제 10-9의 코드를 다음과 같이 변경해보자.

```
var action = new cocos.actions.Hide()
var action = new cocos.actions.Blink({ duration: 1, blinks: 2 })
```

결과를 보면 1초 동안 2번 깜박이는 것을 확인할 수 있다. duration에서 지정한 시간 동안 blinks에서 설정한 횟수만큼 깜박이게 된다.

FadeIn

흔히 페이드인, 페이드아웃이라고 불리는 기법을 알고 있을 것이다. 이는 투명한 상태에서 서서히 불투명 상태로 변하거나 그 반대로 변하는 액션으로 opacity 속성을 이용한 기법이다. FadeIn은 서서히 나타나게 하는 액션으로서 드라마틱한 효과를 연출할 수 있다.

[예제 10-10]

```
function ActionExam () {
    ActionExam.superclass.constructor.call(this)

    var sprite = new nodes.Sprite({file : '/resources/grossini.png'})
    sprite.position = ccp(220,140)
    sprite.anchorPoint = ccp(1,0)
    this.addChild(sprite)

    // FadeIn 액션 생성
    var action = new cocos.actions.FadeIn({duration:1})
    sprite.runAction(action)
}
```

결과를 확인하면 Grossini가 서서히 나타난다. duration에는 최초로 나타나기 시작해서 완벽하게 나타날 때까지의 시간을 입력하면 되며 실수값을 입력할 수 있다. 따라서 duration에 0.1을 넣으면 0.1초만에 Grossini가 나타난다.

[그림 10-12] FadeIn 액션

FadeOut

FadeOut 액션은 FadeIn 액션의 반대로 서서히 사라지게 하는 액션이다. 예제 10-10의 코드를 다음과 같이 바꾸고 실행해보자.

```
var action = new cocos.actions.FadeIn({duration:1})
var action = new cocos.actions.FadeOut({duration:1})
```

FadeTo

FadeIn 과 FadeOut의 단점은 무조건 완전 투명 또는 완전 불투명을 기준으로 사라지거나 나타난다는 점이다. 이러한 단점을 극복하고 현재로부터 특정 opacity 까지 Fade하려면 FadeTo를 쓰면 된다.

```
var action = new cocos.actions.FadeIn({duration:1})
var action = new cocos.actions.FadeTo({duration : 1, toOpacity : 150})
```

결과를 보면 opacity가 150이 되면 액션이 중지하는 것을 확인할 수 있다. Cocos2D에서는 opacity 값으로 0부터 300까지의 값을 사용하므로 150은 50%와 같다. sprite.position을 설정하는 부분 밑에 다음과 같이 opacity 속성을 설정한 후 Fade To 액션을 실행하면 결과가 어떻게 나오는지 확인해보자.

```
sprite.opacity = 100
```

Composition actions

Composition actions는 쉽게 이야기하면 여러 개의 액션을 다양한 형태로 조합해서 사용하는 액션을 말한다. 예를 들어, 이동 후에 회전한다거나 페이드인 후에 커지거나 크기가 커지면서 회전하는 등의 액션 조합을 만들 수 있다.

Sequence

Sequence는 이름에서도 알 수 있듯이 순서대로 액션이 실행되게 조합할 수 있다.

[예제 10-11]

```
function ActionExam () {
    ActionExam.superclass.constructor.call(this)

    var sprite = new nodes.Sprite({file : '/resources/grossini.png'})
    sprite.position = ccp(220,140)
    sprite.anchorPoint = ccp(1,0)
    this.addChild(sprite)
```

```
    var action1 = new cocos.actions.MoveBy({duration: 0.5,
        position: new geo.Point(100, 0)}) // 이동을 위한 MoveBy 액션 생성
    // 회전을 위한 RotateTo 액션 생성
    var action2 = new cocos.actions.RotateTo({duration: 1, angle: 90})
    // 이동 후에 회전하는 sequence 액션 생성
    var sequence = new cocos.actions.Sequence({ actions:[action1,
                                    action2]})

    sprite.runAction(sequence)
}
```

[그림 10-13] Sequence 액션

결과를 확인하면 먼저 오른쪽으로 이동한 뒤 이동이 끝나면 회전하는 모습을 볼
수 있다. 이렇게 여러 가지 액션을 순서대로 실행하게 하는 액션이 Sequence다.
Sequence에는 Basic actions 말고도 Composition actions도 들어갈 수 있다.
예를 들어, Sequence에 Sequence가 들어가거나 Spawn이 들어갈 수도 있다.
Sequence 외에도 Composition actions는 대부분 이러한 구조로 돼 있다.

actions에는 실행할 액션을 설정하는데 앞에서부터 차례대로 실행하며 넣을 수
있는 액션의 수에는 제한이 없다.

Spawn

Spawn은 동시에 여러 가지 액션을 실행한다. 예를 들어 회전하는 액션과 동시에 이동하는 액션을 실행할 수 있다.

코드를 수정해 이동 액션과 회전 액션을 동시에 실행하도록 만들어 보자.

[예제 10-12]

```
function ActionExam () {
    ActionExam.superclass.constructor.call(this)

    var sprite = new nodes.Sprite({file : '/resources/grossini.png'})
    sprite.position = ccp(220,140)
    sprite.anchorPoint = ccp(1,0)
    this.addChild(sprite)

    // 이동 액션 생성
    var action1 = new cocos.actions.MoveBy({duration: 0.5,
                                    position: new geo.Point(100, 0)})
    // 회전 액션 생성
    var action2 = new cocos.actions.RotateTo({duration: 1, angle: 90})
    var spawn = new cocos.actions.Spawn({ actions:[action1, action2]})

    sprite.runAction(spawn)
}
```

결과를 확인하면 제대로 실행되지 않을 것이다. 그 이유는 Spawn은 동시에 액션을 수행하므로 모든 액션의 duration이 같아야 하기 때문이다. 액션의 길이를 모두 0.5로 설정하고 결과를 확인해보자.

```
var action2 = new cocos.actions.RotateTo({duration: 1, angle: 90})
var action2 = new cocos.actions.RotateTo({duration: 0.5, angle: 90})
```

이렇게 하면 이동과 회전이 동시에 되는 모습을 확인할 수 있다. Sequence와 마찬가지로 actions에 동시에 실행할 액션을 설정한다.

Reverse

Reverse는 액션을 반대로 수행하게 한다.

[예제 10-13]

```
function ActionExam () {
    ActionExam.superclass.constructor.call(this)

    var sprite = new nodes.Sprite({file : '/resources/grossini.png'})
    sprite.position = ccp(220,140)
    sprite.anchorPoint = ccp(1,0)
    this.addChild(sprite)

    // 오른쪽으로 이동하는 액션 생성
    var action = new cocos.actions.MoveBy({duration: 0.5,
                                    position: new geo.Point(100, 0)})
    // reverse 액션 생성
    var reverse = action.reverse()
    // 이동 후에 reverse 액션을 순차적으로 실행하는 액션 생성
    var sequence = new cocos.actions.Sequence({ actions:[action,
                                        reverse]})

    sprite.runAction(sequence)
}
```

결과를 확인하면 Grossini가 오른쪽으로 이동했다가 다시 돌아오는 것을 볼 수 있다. Reverse를 사용하려면 반대로 작용할 액션에 reverse() 메서드를 사용하면 된다.

DelayTime

Sequence 중간에 대기 시간을 줄 수 있는 액션이다. 예제를 통해 실습해보자.

[예제 10-14]

```javascript
function ActionExam () {
    ActionExam.superclass.constructor.call(this)

    var sprite = new nodes.Sprite({file : '/resources/grossini.png'})
    sprite.position = ccp(220,140)
    sprite.anchorPoint = ccp(1,0)
    this.addChild(sprite)

    // 이동 액션 생성
    var action = new cocos.actions.MoveBy({duration: 0.5,
                                position: new geo.Point(100, 0)})
    // 이동의 리버스 액션 생성
    var reverse = action.reverse()
    // 대기 시간을 1초로 설정하는 액션 생성
    var delay = new cocos.actions.DelayTime({ duration: 1 })
    // 이동 후에 대기 시간을 1초 가지고 다시 반대로 이동하는 액션 생성
    var sequence = new cocos.actions.Sequence{ actions:[action, delay,
                                reverse]}
    sprite.runAction(sequence)
}
```

결과를 확인하면 Grossini가 오른쪽으로 이동한 후 1초를 쉬고 다시 되돌아오는 것을 볼 수 있다. DelayTime에는 duration만 설정할 수 있으며, 단위는 초 단위이며 실수형으로 지정할 수 있다.

Repeat / RepeatForever

7. Cocos2D Animation에서 용의 날갯짓을 계속해서 반복했듯이 액션을 반복해서 실행하게 하는 액션이 바로 Repeat와 RepeatForever다. Repeat는 반복 횟수를 지정할 수 있고 RepeatForever는 계속해서 반복한다.

[예제 10-15]

```
function ActionExam () {
    ActionExam.superclass.constructor.call(this)

    var sprite = new nodes.Sprite({file : '/resources/grossini.png'})
    sprite.position = ccp(220,140)
    sprite.anchorPoint = ccp(1,0)
    this.addChild(sprite)

    // 이동 액션 생성
    var action = new cocos.actions.MoveBy({duration: 0.5,
                                    position: new geo.Point(100, 0)})
    // 반대 액션 생성
    var reverse = action.reverse()
    // 대기 시간 액션
    var delay = new cocos.actions.DelayTime({ duration: 1 })
    // 이동 후 대기 시간을 가지고 돌아오는 순차적 액션 생성
    var sequence = new cocos.actions.Sequence{ actions:[action, delay,
                                            reverse]}
    // 위의 순차적 액션을 2회 반복하는 액션 생성
    var repeat = new cocos.actions.Repeat({ action : sequence , times: 2})

    sprite.runAction(repeat)
}
```

결과를 실행하면 Grossini가 오른쪽으로 이동했다가 돌아오는 액션을 2번 반복하는 모습을 볼 수 있다. Repeat의 action에는 반복할 액션을 times에는 반복한 횟수를 설정하면 된다.

액션을 영원히 반복하게 하려면 RepeatForever를 이용한다.

```
var repeat = new cocos.actions.Repeat({ action : sequence , times: 2})
var repeat = new cocos.actions.RepeatForever(sequence)
```

RepeatForever는 대상이 되는 액션 외에 특별한 인자는 필요 없다.

Ease actions

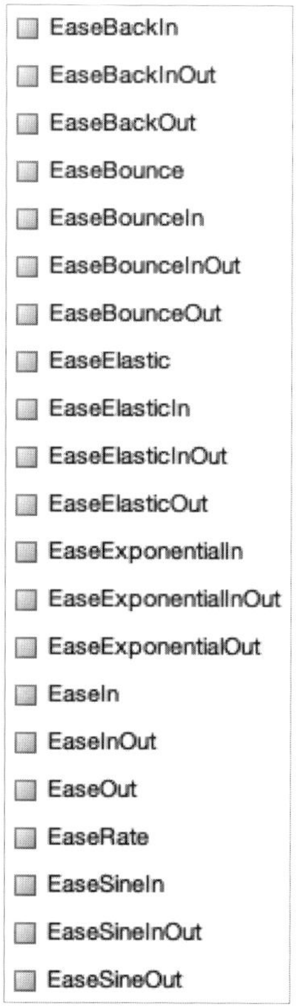

EaseBackIn
EaseBackInOut
EaseBackOut
EaseBounce
EaseBounceIn
EaseBounceInOut
EaseBounceOut
EaseElastic
EaseElasticIn
EaseElasticInOut
EaseElasticOut
EaseExponentialIn
EaseExponentialInOut
EaseExponentialOut
EaseIn
EaseInOut
EaseOut
EaseRate
EaseSineIn
EaseSineInOut
EaseSineOut

[그림 10-14] Ease actions

Ease actions는 Composition actions의 일종으로 수학적인 계산을 통해 액션의 내부 시간을 배분해 조금 더 자연스러운 효과를 볼 수 있는 액션이다. Ease actions는 내부 액션의 수행 속도는 조절하지만 전체 동작 시간을 바꾸지는 않는다.

Cocos2D에서 지원하는 Ease actions는 그림 10-14를 보면 알 수 있듯이 상당히 다양하다. 효과적인 학습을 위해 각 특징과 예제 코드를 재빠르게 실습하고 습득해보자!

Ease Actions

Ease 액션에는 크게 세 종류가 있다. 예를 들어, EaseBack에는 EaseBackIn, EaseBackOut, EaseBackInOut이 있으며, 종류와 특징은 다음과 같다.

- **EaseIn** : 처음에는 느리지만, 뒤에서 빨라진다.
- **EaseOut** : 처음에는 빠르지만, 뒤에는 느려진다.
- **EaseInOut** : 처음에는 느렸다가 중간에 빨라지고 다시 느려진다.

예제를 통해 직접 눈으로 확인해보자.

[예제 10-16]

```
function ActionExam () {
    ActionExam.superclass.constructor.call(this)

    var sprite = new nodes.Sprite({file : '/resources/grossini.png'})
    sprite.position = ccp(220,140)
    sprite.anchorPoint = ccp(1,0)
    this.addChild(sprite)

    var action = new cocos.actions.MoveBy({duration: 2,
                                    position: new geo.Point(300, 0)})
    // EaseIn 액션 생성
```

```
var ease = new cocos.actions.EaseIn({ action: action, rate: 5 })

sprite.runAction(ease)
}
```

결과를 확인하면 Grossini가 처음에는 천천히 움직이지만 갑자기 빨리 움직이는 EaseIn 액션의 모습을 볼 수 있다. rate의 값은 실수형으로 지정할 수 있으며, rate가 크면 클수록 효과가 더 두드러져 보인다. 마찬가지로 EaseIn 액션 생성 부분을 수정해 EaseOut과 EaseInOut을 테스트해보자.

```
var ease = new cocos.actions.EaseIn({ action: action, rate: 5 })
var ease = new cocos.actions.EaseOut({ action: action, rate: 5 })
var ease = new cocos.actions.EaseInOut({ action: action, rate: 5 })
```

Ease Actions의 활용법은 대부분 비슷하므로 나머지 Ease Actions는 개념만 소개하겠다. 위의 예제처럼 나머지 Ease Actions도 학습하면 된다.

EaseBack

이동 범위를 벗어나서 뒤로 움직였다가 앞으로 가는 흐름이다. 필살기 같은 것을 사용할 때 잠깐 뒤로 물러섰다가 갑자기 달려나가는 모습을 상상하면 된다.

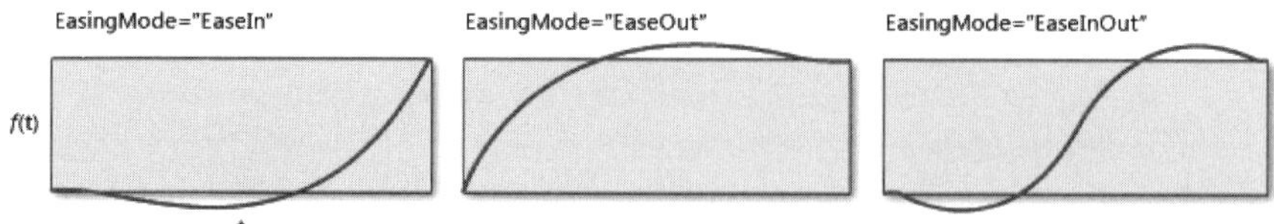

[그림 10-15] EaseBack 액션

EaseBack은 rate를 사용하지 않으므로 다음과 같은 형태로 사용한다. action에
적용할 액션만 지정하는 식이다.

```
EaseBackIn({action:action1})
```

EaseBounce

공이 튀기듯이 통통 튀는 듯한 흐름을 보여준다.

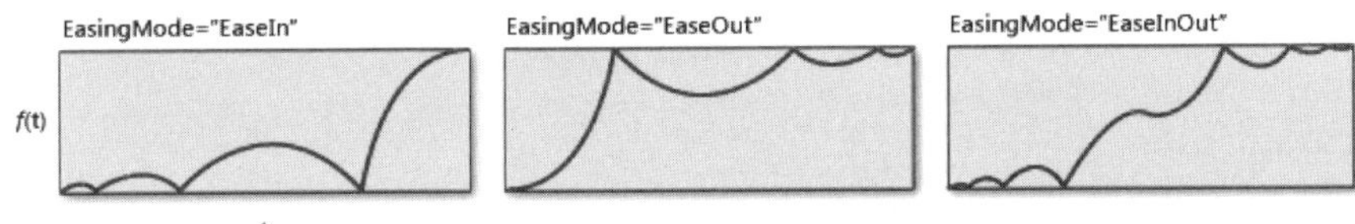

[그림 10-16] EaseBounce 액션

EaseElastic

탄성을 통한 흐름으로 다음과 같이 period라는 특정 값에 영향을 받는다.

```
new EaseElastic ({action:cocos.actions.ActionInterval,period:Float})
```

action에는 적용할 액션을 period의 기본값은 0.3으로 실수형으로 지정할 수 있
다. 보통 0.3에서 0.45로 설정하며, 얼마만큼 탄력적으로 움직일지 설정한다.

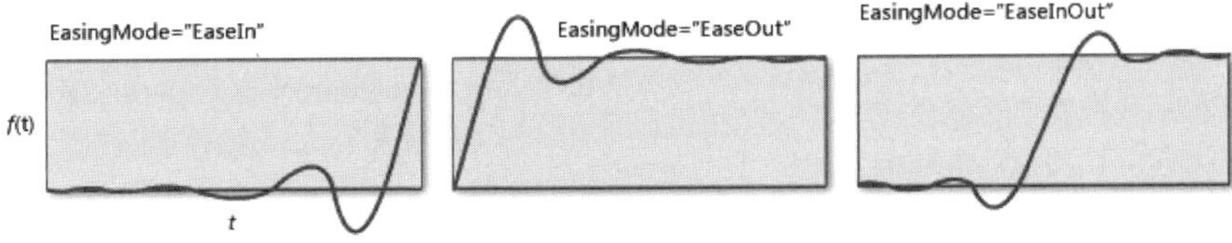

[그림 10-17] EaseElastic 액션

EaseExponential

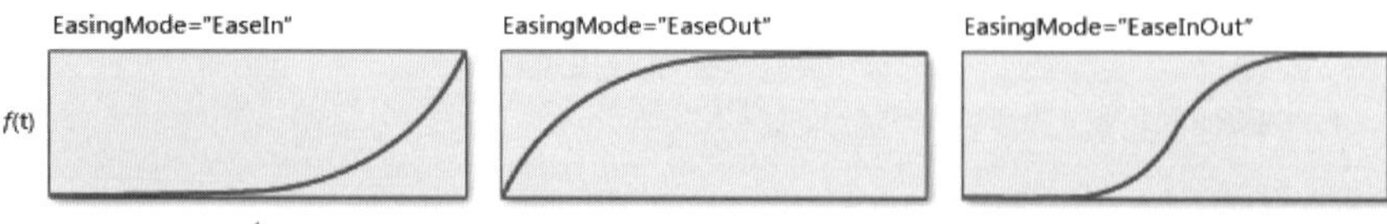

[그림 10-18] EaseExponential 액션

가속도가 붙는 흐름으로 EaseIn이나 EaseOut 등과의 차이점은 가속도가 더 빠르게 붙는다는 점이다.

EaseSine

EaseIn이나 EaseOut과 흡사하지만 EaseExponential과는 달리 가속도가 다소 느리게 붙는다.

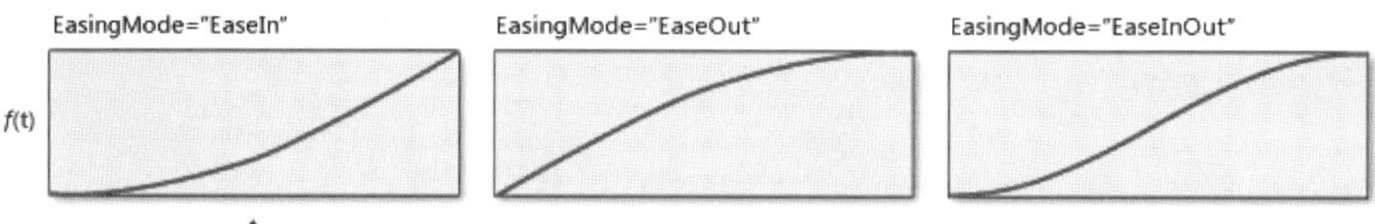

[그림 10-19] EaseSine 액션

Special actions

Speed Action

게임에서 상황에 따라 다르게 행동할 때가 있다. 예를 들어, 카트라이더를 생각해 보면 평상시 속도로 달리다가 부스터 아이템을 사용하면 갑자기 엄청난 속도로 이동한다. 이럴 때 사용하는 액션이 바로 Speed Action이다.

[예제 10-17]

```
function ActionExam () {
    ActionExam.superclass.constructor.call(this)

    var sprite = new nodes.Sprite({file : '/resources/grossini.png'})
    sprite.position = ccp(220,140)
    sprite.anchorPoint = ccp(1,0)
    this.addChild(sprite)

    var action = new cocos.actions.MoveBy({duration: 2,
                                position: new geo.Point(300, 0)})
    // 액션의 속도를 설정할 수 있는 Speed 액션 생성
    var speed = new cocos.actions.Speed( {action : action, speed:5})

    sprite.runAction(speed)
}
```

Speed 액션을 살펴보면 action에는 적용할 액션을 지정하고 speed에는 액션의 속도를 결정한다. speed는 평상시 속도 1을 기준으로 실수형으로 값을 입력할 수 있다.

CallFunc Action

슈팅 게임에서 적이 등장해서 위에서 아래로 내려온다고 생각해보자. 아래까지 내려오고 나면 적을 화면에서 제거해야 한다. 또는 주인공의 생명을 감소할 수도 있을 것이다. 이러한 처리 방식을 구현하려면 액션에서 메서드를 호출할 수 있어야 한다. 이렇게 액션에서 메서드를 호출하는 액션이 바로 CallFunc 액션이다.

예제를 살펴보자.

```javascript
function ActionExam () {
    ActionExam.superclass.constructor.call(this)

    var sprite = new nodes.Sprite({file : '/resources/grossini.png'})
    sprite.position = ccp(220,140)
    sprite.anchorPoint = ccp(1,0)
    this.addChild(sprite)

    // 객체의 각도를 90도로 설정하고 경고창이 뜨는 함수를 호출하는 액션
    var customAction = new cocos.actions.CallFunc( {
        method:function (target) {
          target.rotation = 90
          alert("캐릭터가 쓰러지는 액션")
        }
    })

    sprite.runAction(customAction)
}
```

이런 식으로 CallFunc를 활용하면 사용자가 원하는 대로 액션을 설계해서 사용할
수 있다. 조금 더 상세하게 CallFunc의 원형을 살펴보면 다음과 같다.

```javascript
new CallFunc ({target:BObject,method:String/Function})
```

target과 method가 있는데 target을 지정하지 않으면 해당 액션을 수행하는 객체
가 target이 된다. method는 호출할 함수로, 바로 메서드를 만들어서 사용할 수
도 있고 외부 메서드를 호출할 수도 있다. 이때 호출되는 메서드는 인자로 target
을 받을 수 있으며, 위 예제에서는 sprite가 CallFunc 액션을 수행하므로 target
으로 sprite가 전달된다. 그러므로 target.rotation = 90으로 조정하면 sprite의
각도가 달라진다.

이번에는 외부 메서드를 지정하는 방식으로 변경해보자.

[예제 10-19]

```
function ActionExam () {
    ActionExam.superclass.constructor.call(this)

    var sprite = new nodes.Sprite({file : '/resources/grossini.png'})
    sprite.position = ccp(220,140)
    sprite.anchorPoint = ccp(1,0)
    this.addChild(sprite)

    var customAction = new cocos.actions.CallFunc( {
        method:GrossiniRotate})

    sprite.runAction(customAction)
}

function GrossiniRotate (target) {
    target.runAction(new cocos.actions.RotateBy( {duration : 1,
    angle: 90 } ))
}
```

Action 관련 메서드

runAction

이미 잘 알고 있는 메서드로 액션을 실행하는 역할을 한다. Sprite, Label, Menu
등에서 사용할 수 있다.

```
Sprite.runAction(Action)
```

stopAllAction

객체가 실행 중인 모든 액션을 중간에 중지할 때 사용한다. 예를 들면, Grossini
가 왼쪽 화면 끝에서 오른쪽 화면 끝으로 이동하는 MoveBy가 실행 중일 때
stopAllAction을 사용하면 메서드가 호출되는 시점에서 이동이 중지되어
Grossini가 화면 중간에 위치하게 된다. 이 액션은 Sprite, Label, Menu 등에서
사용할 수 있다.

```
Sprite.stopAllAction()
```

Cocos2D Transitions

지금까지는 하나의 Scene만 사용했다. 하지만 게임을 하나의 Scene으로만 구성할 수는 없다. 흐름에 따라 메뉴 Scene, 게임 Scene, 옵션 Scene 등으로 나눠 사용하는 게 훨씬 편리하고 구조적이다.

Transitions은 Scene에서 다른 Scene으로 전환할 때 사용한다. 예를 들어 게임을 처음 실행하면 메뉴 Scene이 나오고 여기서 시작 버튼을 누르면 게임 Scene으로 전환된다고 하자. 이때 평범하게 바로 화면을 전환할 수도 있지만 Transitions를 이용하면 회오리 효과나 슬라이드, 페이드인/아웃 등 다양한 화면전환 효과를 쉽게 적용할 수 있다.

Transitions 시작하기

01. 먼저 새로운 프로젝트를 하나 만들자. 시작 〉 프로그램 〉 Cocos2d JavaScript 〉 Create new project를 실행하고 원하는 경로(필자는 바탕화면을 주로 사용한다)에 프로젝트 폴더(TransitionsExam)를 생성한 후 확인 버튼을 누른다.

02. 프로젝트가 생성되면 리소스를 추가하기 위해 Cocos2d가 설치된 폴더로 이동한다. 기본 설정으로 설치했다면 Cocos2d가 설치된 경로는 C:/Program Files /Cocos2D JavaScript일 것이다. 해당 폴더의 하위 폴더인 tests/assets/tests/resources에 가보면 프로젝트에 사용할 그림 파일이 있다. 이 resources 폴더를 통째로 복사해 방금 만든 프로젝트 폴더의 /src에 복사한다.

03. /src/main.js를 열어서 main() 부분만 다음과 같이 수정한다.

[예제 11-1]

```javascript
function main() {
    var director = Director.sharedDirector

    events.addListener(director, 'ready', function (director) {
        var scene = new Scene()
          , layer = new TransitionsExam ()

        scene.addChild(layer)

        // 회오리 효과를 내는 Transition 생성
        var transition = new nodes.TransitionRotoZoom({ duration: 1.5,
                                                        scene: scene })
        // Transition을 통해 Scene 변경
        director.replaceScene(transition)
    })

    director.runPreloadScene()
}
```

[**그림 11-1**] Transitions 시작하기

결과를 확인해보면 최초 로딩이 끝나고 그림 11-1과 같이 화면이 회오리치면서 변경되는 모습을 확인할 수 있다.

예제를 살펴보면 예제에서 굵게 표시된 부분에서 기본적인 구조의 director. replaceScene(scene)를 대체했다. 기본 개념에서 이야기했듯이 Scene을 관리하고 제어하는 역할은 Director가 수행하는데, 원래는 별다른 전환 효과 없이 Scene을 전환하지만 예제에서는 화면전환 효과를 내기 위해 회오리 효과를 내는 Transition을 생성한 뒤 해당 Transition으로 Scene을 변경했다.

예제 11-1에서 사용한 Transition인 TransitionRotoZoom을 조금 더 자세히 살펴보면 두 개의 인자가 있는데, duration에는 전환이 시작해서 끝날 때까지의 시간을 실수값으로 입력할 수 있고, scene에는 바꿀 Scene을 입력한다. 현재 Cocos2D의 모든 Transition은 모두 이와 같이 duration과 scene 인자를 사용하므로 확실하게 익혀두자.

이렇게 만든 Transition을 Director의 Scene을 교체하는 replaceScne 메서드에 전달하면 실제로 화면 전환 효과가 보이면서 Scene이 전환된다.

Transitions 활용하기

Transition은 Scene과 Scene 사이의 전환에 사용하므로 실제로 두 개의 Scene
을 만들어서 살펴보겠다.

[예제 11-2]

```
function main () {
    var director = Director.sharedDirector

    events.addListener(director, 'ready', function (director) {
        var scene = new Scene()
          , layer = new TransitionsExam()
        scene.addChild(layer)

        // TransitionsExam()에서 생성하는 Scene 외에 별도의 Scene 생성
        var scene2 = new Scene()
            , layer2 = new Layer("layer2")
            , label = new Label({ string: 'Scene2 - 게임화면'
                                , fontName: 'Arial'
                                , fontSize: 45
                                })

        // 실제로 출력되는 건 Layer이므로 Scene에 Layer를 추가
        scene2.addChild(layer2)
        label.position = ccp(320, 240)
        layer2.addChild(label)

        director.replaceScene(scene2)
    })

    director.runPreloadScene()
}
```

[**그림 11-2**] Scene 전환

그림 11-2처럼 새로 추가한 Scene인 scene2가 출력된다. main.js처럼 Scene별로 별도의 파일을 구성해도 되고 따로 함수로 구성해도 되지만 편의상 main에서 직접 Scene을 생성했다. 또 Label을 출력하기 위해 Scene 〉 Layer 〉 Label의 구조로 Scene을 만들었다.

코드를 발전시켜서 이번에는 scene1으로 시작해서 버튼을 누르면 scene2로 넘어가는 기능을 구현해보자.

[예제 11-3]

```javascript
function main () {
    var director = Director.sharedDirector

    events.addListener(director, 'ready', function (director) {
        var scene = new Scene()
            , layer = new TransitionsExam()

        scene.addChild(layer)

        // scene2 생성
        var scene2 = new Scene()
```

```javascript
                    , layer2 = new Layer("layer2")
                    , label = new Label({ string:    'Scene2 - 게임화면'
                                        , fontName: 'Arial'
                                        , fontSize: 45
                                        })
            scene2.addChild(layer2)
            label.position = ccp(320, 240)
            layer2.addChild(label)

            // 누르면 scene2로 전환되는 버튼 생성
            var menuItem = new nodes.MenuItemImage ({
                normalImage : '/resources/f1.png',
                selectedImage : '/resources/f2.png',
                callback:function () {
                    // Transition을 통한 Scene 전환
                    var transition = new nodes.TransitionRotoZoom({
                                            duration: 1.5, scene: scene2 })
                    director.replaceScene(transition)
                }
            })

            var menu = new nodes.Menu([])
            menu.position = ccp(320, 140)
            menu.addChild(menuItem)
            layer.addChild(menu)

            // 최초에는 scene1으로 시작
            director.replaceScene(scene)
        })
    director.runPreloadScene()
}
```

예제 11-3을 실행해보면 그림 11-3과 같은 화면이 출력되고 화살표 그림을 눌렀을 때 회오리 효과와 함께 scene2(그림 11-2)로 전환된다.

전체적인 흐름을 설명하면 최초 Director는 scene1으로 시작하고 scene1에 버튼을 추가해 버튼을 누르면 scene2로 전환하게 했다. 예제 11-3의 굵은 글씨 중 Director.replaceScene(scene) 부분을 제외하면 function TransitionsExam() 부분에 추가해도 무방하지만 편의상 main에서 모두 구현했다. 될 수 있으면 main에서 모두 구현하는 방법보다는 각 Scene을 파일이나 함수로 구분해서 처리하는 방법이 훨씬 좋다.

[그림 11-3] 버튼을 누르면 Scene 전환

예제에서는 Transition의 duration을 1.5로 지정했는데, 이는 1.5초 동안 전환이 이뤄진다는 뜻이다. 더 큰 숫자를 입력하면 오랫동안 천천히 전환되고 작은 숫자를 입력하면 빠르게 전환된다. 여유가 있다면 한번 숫자를 3으로 바꾼 후 결과를 확인해보자.

Transition의 종류

Transition의 역할과 사용법은 충분히 알았을 것이다. 그럼 이를 바탕으로 다른 Transition에 대해 알아보자. 그림 11-4가 현재 Cocos2D에서 지원하는 Transition의 목록이다. 다른 Cocos2D 프로젝트에서 지원하는 Transition

의 종류는 이보다 다양하므로 나중에 자바스크립트 버전에서도 조금 더 다양한 Transition이 지원되리라 기대할 수 있다.

이 가운데 TransitionScene은 다른 Transition을 만들어내는 부모 객체로, 사용자가 사용할 일은 없다. 또 어떤 Transition은 이름 끝에 B, L, R, T가 들어가는데 그 의미는 B = bottom, L = left, R = right, T = top으로 전환의 시작점을 의미한다. 예를 들어, TransitionMoveInT는 현재 화면에 겹쳐지며 들어오는 전환을 의미하고 T는 전환의 시작 지점이 위라는 것을 의미한다. 즉, 위에서 아래로 현재 화면에 다음 화면이 겹쳐지며 들어온다.

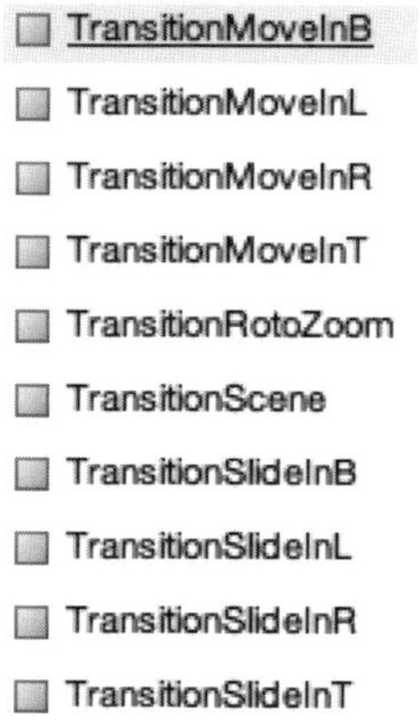

☐ TransitionMoveInB
☐ TransitionMoveInL
☐ TransitionMoveInR
☐ TransitionMoveInT
☐ TransitionRotoZoom
☐ TransitionScene
☐ TransitionSlideInB
☐ TransitionSlideInL
☐ TransitionSlideInR
☐ TransitionSlideInT

[그림 11-4] Transition의 종류

TransitionMoveIn

그럼 실제로 TransitionMoveInT을 사용해보기 위해 예제 11-3을 다음과 같이 수정해보자.

```
var transition = new nodes.TransitionRotoZoom({ duration: 1.5,
                                 scene: scene2 })
var transition = new nodes.TransitionMoveInT({ duration: 1.5,
                                 scene: scene2 })
```

결과를 확인해보면 기존 Scene은 움직이지 않고 그 자리에 있는 상태에서 전환할 Scene이 위쪽에서부터 기존 Scene에 겹쳐지면서 내려와 결국 그 자리를 차지하는 것을 볼 수 있다. 그 결과 그림 11-5처럼 scene2로 전환된다.

이번에는 TransitionMoveInT를 TransitionMoveInB나 TransitionMoveInL 또는 TransitionMoveInR로 바꿔보자. 결과를 눈으로 확인하지 않아도 B는 아래쪽, L은 왼쪽, R은 오른쪽에서 전환이 시작된다는 것을 알 수 있다.

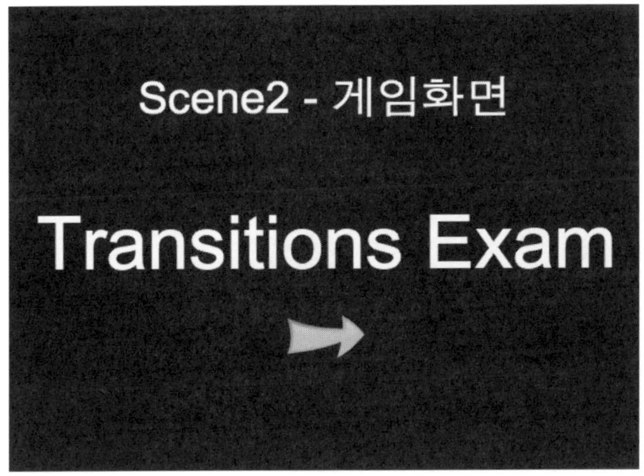

[그림 11-5] TransitionMoveIn

TransitionSlideIn

TransitionSlideIn은 TransitionMoveIn과 유사하지만 MoveIn은 전환되기 전의 Scene이 움직이지 않고 전환될 Scene이 위로 겹쳐지는 형태라면 SlideIn은 전환되기 이전의 Scene과 전환될 Scene이 이어진 형태처럼 보이며, 슬라이드 되듯이 전환된다. trasition부분의 코드를 다음과 같이 수정한 뒤 결과를 살펴보자.

```
var transition = new nodes.TransitionSlideInR({ duration: 1.5,
                                                scene: scene2 })
```

그림 11-6처럼 MoveIn과 다르게 전환되는 것을 확인할 수 있다. MoveIn과 마찬
가지로 B, L, R, T를 이용할 수 있다.

Cocos2D가 지원하는 모든 Transition을 소개했다. 나중에 버전이 업그레이드되
면 다른 Cocos2D 프로젝트처럼 플립 효과나 책 넘기기 효과, 3D 로테이션 효과
등 다양한 효과를 지원해서 더욱 화려한 Transition을 이용할 수 있을 것이다.

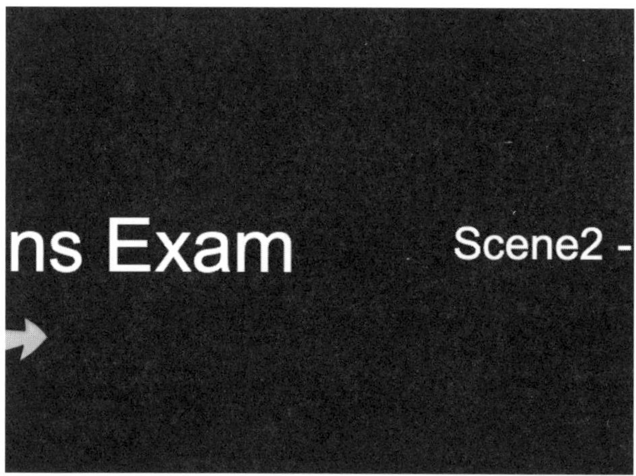

[**그림 11-6**] TransitionSlideIn

12
Sound

한 번이라도 소리 없이 영화를 본 적이 있다면 소리가 사람의 감정에 미치는 영향이 얼마나 큰지 알 수 있을 것이나. 이는 게임에서도 마찬가지다. 사용자를 게임에 더 몰입하게 하고 감동을 주려면 소리는 필수적이다. 이번에는 HTML5 Audio API를 이용해 배경음악과 효과음을 출력하는 방법을 알아보자.

Cocos2D가 아닌 HTML5 Audio API를 사용하는 이유는 Cocos2D가 cocos2d for iPhone 등과는 다르게 아직 자체적인 사운드 관련 API를 지원하지 않기 때문이다. 조만간 사운드 관련 기능이 구현될 거라고 기대하지만 일단 HTML5 Audio API로 효과음과 배경음악을 구현하는 방법을 알아보자.

효과음

01. 먼저 새로운 프로젝트를 하나 만들자. 시작 〉 프로그램 〉 Cocos2d JavaScript 〉 Create new project를 실행하고 원하는 경로(필자는 바탕화면을 주로 사용한다)에 프로젝트 폴더(SoundExam)를 생성한 후 확인 버튼을 누른다.

02. /src/main.js를 열어서 다음과 같이 수정한다.

[예제 12-1]

```javascript
var audio // Audio로 사용할 audio 객체 선언

function SoundExam() {
    SoundExam.superclass.constructor.call(this)

    var s = Director.sharedDirector.winSize

    // 마우스 이벤트 사용
    this.isMouseEnabled = true

    var label = new Label({ string: 'Click!'
                          , fontName: 'Arial'
                          , fontSize: 76
                          })

    label.position = ccp(s.width / 2, s.height / 2)

    this.addChild(label)

  // Audio 객체 생성
    audio = new Audio('http://www.w3schools.com/html5/horse.ogg')
}

SoundExam.inherit(Layer, {
    // 마우스를 클릭했을 때
    mouseDown:function (evt) {
       audio.play() // audio를 재생한다
    }
})
```

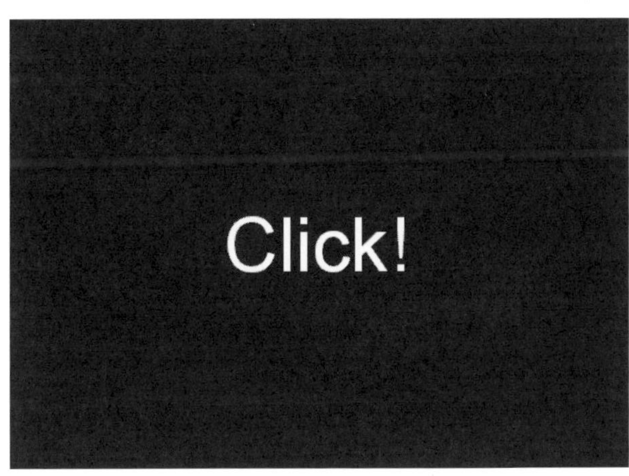

[그림 12-1] Sound 시작하기

결과는 그림 12-1과 같다. 이때 화면을 마우스로 클릭하면 말 울음소리가 들리는 것을 확인할 수 있다.

```
new Audio(resource)
```

코드를 살펴보면 새로운 Audio 객체를 생성하는 코드로 괄호 안에 사운드 소스의 경로를 지정하면 된다. MP3와 OGG, WAV 형식을 지원하는데, 브라우저에 따라 지원 여부가 달라지며 세부 내용은 다음과 같다.

Browser	MP3	Wav	Ogg
익스플로러9	YES	NO	NO
파이어폭스 4.0	NO	YES	YES
구글 크롬 6	YES	YES	YES
애플 사파리 5	YES	YES	NO
오페라 10.6	NO	YES	YES

마우스를 클릭하면 생성한 Audio 객체가 audio.play()를 통해 실제로 재생된다. 즉, Audio에서 설정했던 사운드가 재생되는 것을 확인할 수 있다.

Audio 기본 사용법

Audio 객체에는 다양한 속성과 메서드가 있다. 각 속성과 메서드를 예제 12-1에
서 적용해 보면서 어떤 변화가 있는지 확인하자.

음량

```
audio.volume = 0.5
```

Audio의 음량을 설정한다. 0~1 사이의 값을 실수형으로 설정할 수 있다.

중지

```
audio.pause()
```

Audio의 재생을 중지한다.

반복재생

```
audio.loop = true
```

Audio의 재생을 반복할지 말지를 true나 false로 설정한다

길이

```
audio.duration
```

Audio가 사용하는 사운드 리소스의 전체 길이를 알아낸다

위치

```
audio.currentTime= 0.5
```

재생 중인 사운드 리소스의 현재 재생 위치를 초 단위로 나타내며 위 코드처럼 사
운드 리소스의 중간부터 재생하도록 설정할 수도 있다.

경로

```
audio.currentSrc
```

Audio가 보유한 사운드 리소스의 경로를 알려준다.

무음

```
audio.muted = true
```

음량 설정과는 관계없이 이 속성을 true로 설정하면 소리가 나지 않는다.

일시 정지

```
audio.paused
```

현재 Audio가 일시 정지 상태인지 아닌지를 true, false로 나타낸다.

배경음악

눈치 빠른 독자는 벌써 알겠지만 위에서 언급한 Audio의 속성 중 loop를 활용하
면 손쉽게 배경음악을 재생할 수 있다.

이번에는 main.js를 다음과 같이 수정해보자.

[예제 12-2]

```
// 마우스를 클릭했을 때 속성 변경을 위해 변수 선언
var audio, label, check

function SoundExam () {
    SoundExam.superclass.constructor.call(this)
    var s = Director.sharedDirector.winSize
    this.isMouseEnabled = true

    label = new Label({ string:   '배경음악 플레이!'
                       , fontName: 'Arial'
                       , fontSize: 76
                       })
    label.position = ccp(s.width / 2, s.height / 2)
    this.addChild(label)

    // Audio 객체 생성
❶   audio = new Audio('http://www.w3schools.com/html5/horse.ogg')
    audio.loop = true // 반복 재생 설정
    check = false // 재생 중 여부를 false로 지정
}

BackgroundSoundExam.inherit(Layer, {
❷   mouseDown:function (evt) {
        if(check == false) { // 배경음악이 재생 중이 아니면
            check = true
            label.string='배경음악 중지'
            audio.play() // 배경음악 재생 시작
        }
```

```
    else { // 배경음악이 재생 중이면
        check = false
        label.string='배경음악 플레이'
        audio.pause() // 배경음악 재생 중지
    }
  }
})
```

예제를 실행해보자. 화면을 마우스로 클릭하면 말소리가 반복되어 재생되고 다시
클릭하면 말소리가 멈춘다.

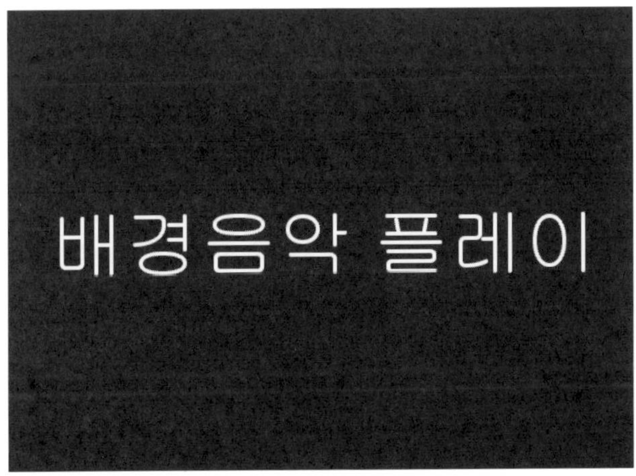

[그림 12-2] 배경음악

check는 배경음악의 재생 여부를 검사하는 변수로 ❶번 코드에서 새로운 Audio
객체를 만들고 반복 재생을 설정한 뒤 일단은 배경음악을 재생하지 않으므로
check를 false로 지정한다.

그리고 ❷번 코드 부분에서 마우스를 클릭했을 때 check 변수를 이용해 배경음악
재생 여부를 확인해 배경음악이 재생 중이면 재생을 중지하고 check를 false로
바꾸고, 재생 중이지 않으면 audio를 재생하고 check를 true로 바꿔준다.

HTML5 게임에 적용할 수 있는 각종 사운드 필터나 효과에 관한 내용은 아래 사이트를 참조하면 좋다.

http://www.html5rocks.com/en/tutorials/webaudio/games/

13

기타 기능

이번에는 미처 다루지 못한 게임 개발에 필요한 각종 기능을 알아보겠다.

Schedule

테트리스에서는 시간이 지남에 따라 점점 블록이 올라온다. 또 어떤 게임에서는 시간이 지날수록 점점 적이 다가온다. 이런 건 어떻게 처리할까? 시간의 흐름에 따른 처리를 해주는 것이 바로 Schedule이다.

01. 먼저 새로운 프로젝트를 하나 만들자. 시작 〉 프로그램 〉 Cocos2d JavaScript 〉 Create new project를 실행하고 원하는 경로(필자는 바탕화면을 주로 사용한다)에 프로젝트 폴더(Knowhow)를 생성한 후 확인 버튼을 누른다.

02. 프로젝트가 생성되면 리소스를 추가하기 위해 Cocos2d가 설치된 폴더로 이동한다. 기본 설정으로 설치했다면 Cocos2d가 설치된 경로는 C:/Program Files /Cocos2D JavaScript일 것이다. 해당 폴더의 하위 폴더인 tests/assets/tests/resources에 가보면 프로젝트에 사용할 그림 파일이 있다. 이 resources 폴더를 통째로 복사해서 방금 만든 프로젝트 폴더의 /src에 복사한다.

03. /src/main.js를 열어 Knowhow() 부분만 다음과 같이 수정한다.

[예제 13-1]

```
var label

function Knowhow() {
    Knowhow.superclass.constructor.call(this)

    label = new Label({ string: 'Knowhow'
                      , fontName: 'Arial'
                      , fontSize: 30
                      })
    label.position = ccp(220, 240)
    this.addChild(label)

    this.scheduleUpdate()
}
```

결과를 확인해보면 그냥 Label만 하나 출력될 것이다. 사실 내부적으로 Schedule 이 이미 동작하고 있지만 우리 눈에 보이게 처리하지 않았기 때문이다. Schedule 이 동작하는 것을 볼 수 있게 코드를 추가해보자.

[예제 13-2]

```
Knowhow.inherit(Layer)

Knowhow.inherit(Layer, {
    update: function (delay) {
        label.string = "Schedule - " + delay
    }
})
```

다시 결과를 확인해보면 그림 13-1처럼 숫자가 계속해서 변하는 것을 볼 수 있 다. Schedule은 사실상 타이머와 같은 역할을 하며, 일정 시간마다 update 메서 드를 호출한다. this.scheduleUpdate()는 기기가 지원하는 최대한 빠른 속도로

update 메서드를 반복해서 호출하게 하며 update 메서드의 인자인 delay는 이 간격을 의미한다. 즉, Label에 출력되는 숫자는 update와 update 사이의 간격으로, 얼마 만에 다시 update 메서드가 호출됐는지를 말한다. Schedule은 this.unscheduleAllSelectors() 메서드를 사용해 멈출 수 있다. 참고로 여기서 this는 Knowhow Layer를 의미한다.

이번에는 적과 캐릭터를 만들어 적이 캐릭터를 향해 다가가게끔 코드를 다음과 같이 수정한다.

[그림 13-1] Schedule

[예제 13-3]

```
var label
var grossini
var enemy

function Knowhow () {
    Knowhow.superclass.constructor.call(this)

    label = new Label({ string: 'Knowhow'
                      , fontName: 'Arial'
```

```
                                     , fontSize: 30})
        label.position = ccp(220, 440)
        this.addChild(label)

        grossini = new nodes.Sprite({file : '/resources/grossini.png'})
        grossini.position = ccp(50,240)
        this.addChild(grossini)

        enemy = new nodes.Sprite({file : '/resources/grossinis_sister1.png'})
        enemy.position = ccp(600,240)
        this.addChild(enemy)

        this.scheduleUpdate()
    }

Knowhow.inherit(Layer, {
    update: function (delay) {
        label.string = "Schedule - " + delay
        enemy.position = ccp(enemy.position.x - 10, enemy.position.y)
    }
})
```

결과를 확인해보면 적이라고 설정된 여자가 Grossini를 향해 무섭게 다가오는 모습을 볼 수 있다. 하지만 지금은 너무 빠른 속도로 다가오고 기기의 성능에 따라 속도가 달라진다는 문제가 있다. 기기가 지원하는 한 최대한 빨리 호출하는 방식이므로 쿼드코어 PC와 386 PC에서의 속도는 당연히 크게 달라질 것이다. 이번에는 이런 Schedule을 다르게 적용해서 0.5초마다 update 메서드를 호출하게 해보자.

```
this.scheduleUpdate()

this.schedule({method:"update", interval: 0.5})
```

이렇게 this.schedule 메서드를 사용하면 인자로 method와 interval을 사용하는데, method에는 호출할 메서드를 지정하고 interval에는 호출 간격을 초 단위로 실수값을 넣을 수 있다. 결과를 확인해보면 Label의 간격이 0.5로 보이는 것을 확인할 수 있다.

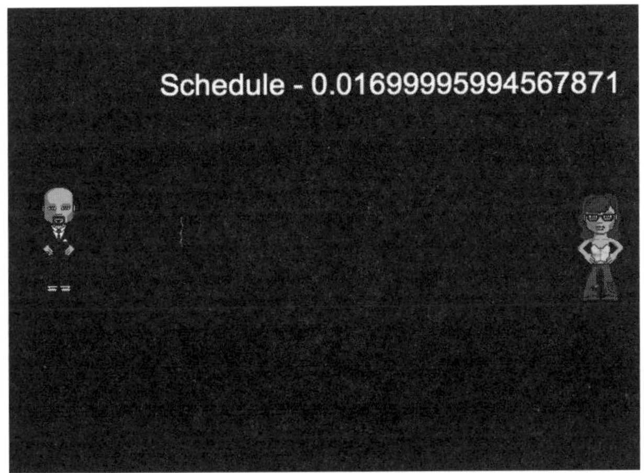

[**그림 13-2**] Schedule을 이용한 Sprite 이동

Schedule은 여러 개를 중첩해서 실행할 수 있는데 앞에서 이야기한 unscheduleAllSelectors() 메서드는 귀속된 모든 Schedule을 정지하는 메서드이고 unschedule() 메서드를 사용하면 하나의 Schedule만 정지시킬 수 있다. 이때 인자로 method에 정지할 메서드를 넣어주면 된다. 위의 Schedule을 정지하려면 다음과 같이 사용하면 된다.

```
this.unschedule({method:"update"})
```

그런데 0.5초 단위로 움직이면 움직임이 부드럽지가 않다. 이때는 앞에서 배운 Action을 사용해 부드러운 움직임을 구현할 수 있다. update 메서드를 수정해 보자.

```
enemy.position = ccp(enemy.position.x - 10, enemy.position.y)


var action = new cocos.actions.MoveBy({duration:0.3,
                                       position : ccp(-50,0)})
enemy.runAction(action)
```

이렇게 Action을 사용하면 한결 부드럽게 움직이는 모습을 확인할 수 있다.

또, Label이나 Sprite를 대상으로 Schedule을 설정할 수도 있다. 다음 코드를 살펴보자.

```
this.schedule({method:"update", interval: 0.5})
grossini.schedule({method:move, interval: 0.5})
```

Sprite에 Schedule을 설정하고 다음과 같이 별도의 메서드를 구성하면 된다.

```
function move(delay) {
    grossini.position = ccp(grossini.position.x, grossini.position.y-5)
}
```

이런 식으로 적의 종류에 따라 이동 속도를 다르게 하거나 이중 배경 스크롤 등 다양하게 응용할 수 있다.

충돌 검사

예제 13-3을 보면 적이 그냥 Grossini를 뚫고 지나가는 것을 볼 수 있다. 실제 게임에서는 적과 충돌하면 생명이 감소하는 등의 효과가 발생한다. 이런 효과를 구현하기 위해 충돌 여부를 판단하는 방법을 알아보자.

예제 13-3을 수정해서 적과 아군이 충돌하면 적이 뒤로 돌아가게 하자.

[예제 13-4]

```
Knowhow.inherit(Layer, {
    update: function (delay) {
        label.string = "Schedule - " + delay

        var action = new cocos.actions.MoveBy({duration:0.3,
                                   position : ccp(-50,0)})
        // 충돌 여부 검사
        var isOverlap = geo.rectOverlapsRect(grossini.boundingBox,
                                   enemy.boundingBox)
        if(isOverlap) {
            action = action.reverse()
        }
        enemy.runAction(action)
    }
})
```

결과를 확인해보면 서로 충돌하는 순간 적이 반대 방향으로 가는 것을 확인할 수 있다. 위의 코드에서 살펴볼 부분은 충돌 검사 부분이다. Cocos2D에서는 쉽게 충돌 여부를 검사할 수 있는 메서드를 지원하는데, 바로 geo.rectOverlapsRect 다.

```
var isOverlap = geo.rectOverlapsRect(grossini.boundingBox,
                       enemy.boundingBox)
```

이 메서드는 위와 같이 충돌 검사를 할 두 개의 인자를 전달받는다. 이때 주의할 점은 Sprite 자체를 넘기지 않고 개체를 둘러싼 경계인 boundingBox를 전달한다는 점이다. 그리고 결과 값은 Boolean 형으로서 충돌했으면 true, 충돌하지 않았으면 false 를 반환한다.

이런 충돌 검사로 총알에 캐릭터가 맞았을 때 생명을 감소시키거나 내 총알이 적에게 적중했을 때 적을 제거하는 등 다양하게 구현할 수 있다.

타일맵 에디터

벽돌 깨기 게임에서의 블록이나 탱크 게임의 맵처럼 일정한 크기의 이미지가 패턴화되며, 맵을 구성하는 모습을 게임에서 쉽게 찾아볼 수 있다. 이처럼 패턴화된 타일로 구성된 맵을 '타일맵'이라고 한다. 이러한 타일맵을 사용하면 메모리를 적게 사용하면서 게임에 필요한 자원을 구성할 수 있다.

Cocos2D에서는 TMX 타일맵 포맷 사용하는데, TMX 타일맵 포맷은 XML 형태로 손수 구성할 수도 있지만 많은 노력이 필요하므로 에디터를 이용하는 방법을 추천한다.

Tile Map Editor 설치하기

Tiled Map Editor의 웹사이트(http://www.mapeditor.org/)에 접속해 에디터를 내려받는다.

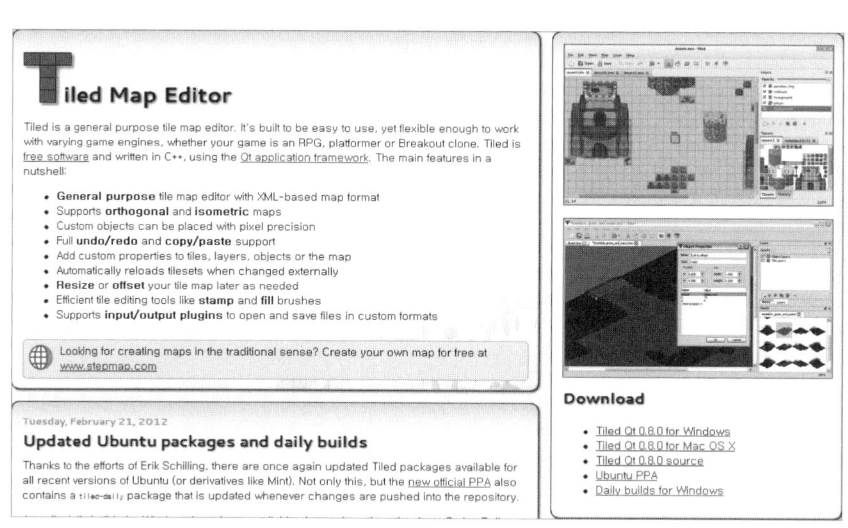

[그림 13-3] Tiled Map Editor

필자는 Tiled Qt 0.8.0 for Windows를 내려받았으며, 각자의 환경에 맞는 버전
을 내려받는다. 내려받은 에디터 파일을 실행하면 설치가 진행된다.

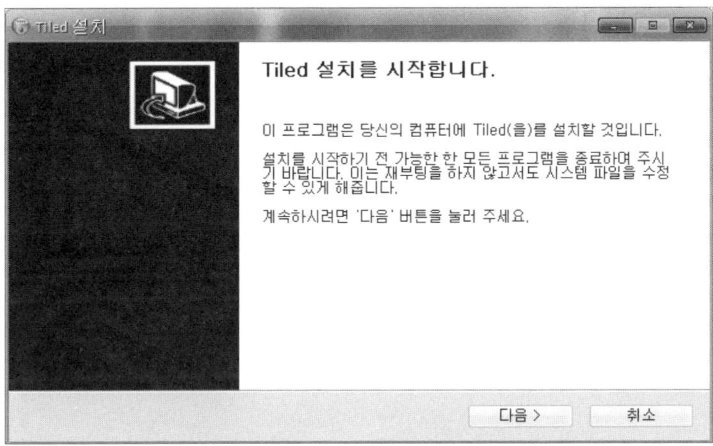

[그림 13-4] Tiled 설치

사용권 계약에 동의하고 설치 위치를 지정하면 설치가 시작된다. 설치가 완료되
면 바로 실행할 수 있게 Launch Tiled에 체크하고 마침을 누른다.

[그림 13-5] Tiled 설치

Tile Map Editor 사용법

[그림 13-6] Tiled 실행 화면

새로운 타일맵 만들기

File 메뉴에서 New를 선택하거나 Ctrl + N을 누른다.

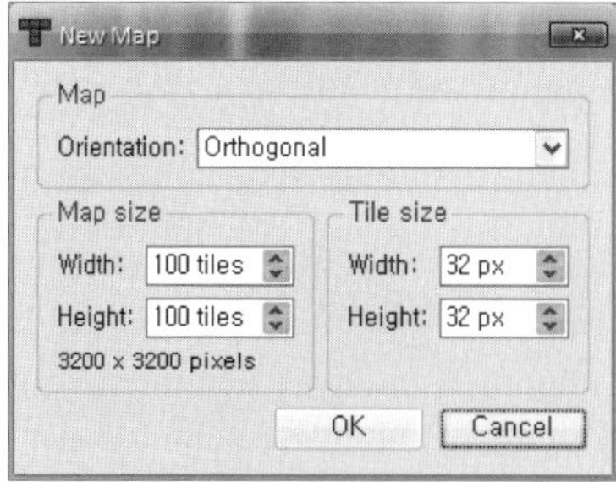

[그림 13-7] 새로운 타일맵 만들기

Orientation은 타일의 방향을 의미하는데, Orthogonal은 정방향 타일맵으로서
일반적인 네모 형태의 맵이고 Isometric은 쿼터뷰 게임에서 자주 볼 수 있는 마름
모 형태의 맵이다.

[그림 13-8] Orthogonal

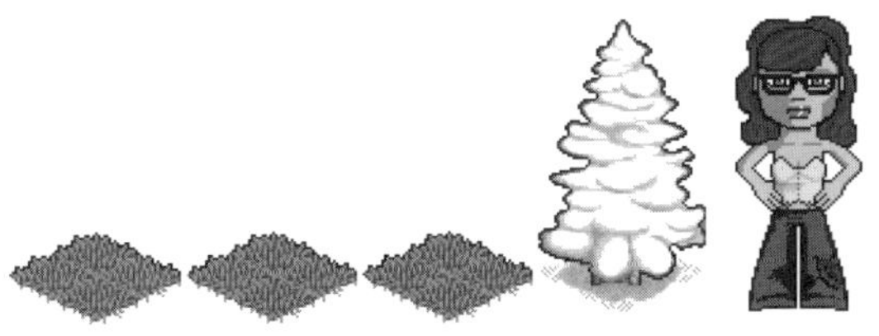

[그림 13-9] Isometric

Map size에는 타일맵의 크기로 배치될 수 있는 타일의 개수를 설정할 수 있으며,
Tile size에는 타일 한 개의 크기를 설정한다.

원하는 설정 값이 있으면 설정하고 OK를 누르면 그림 13-10과 같이 타일맵이 생
성된다.

[**그림 13-10**] 타일맵 생성

이번에는 타일맵에 그릴 타일의 집합인 타일세트를 타일맵에 추가해보자.

Map > New Tileset를 선택하면 그림 13-11과 같은 화면이 나타난다.

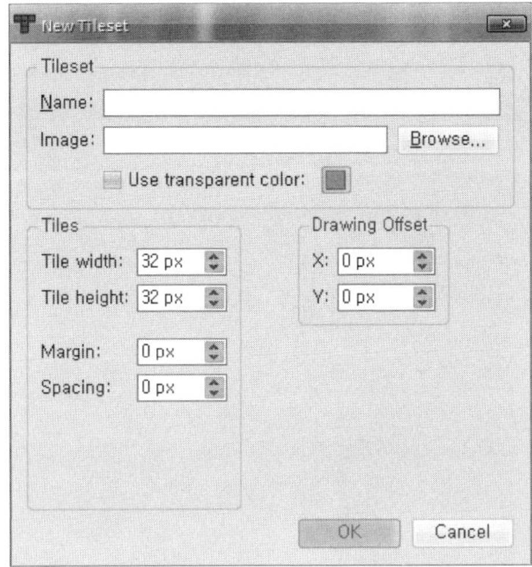

[**그림 13-11**] New Tileset

Name에는 타일세트의 이름을, Image에는 타일세트를 구성할 이미지를, Use
transparent color에는 사용할 투명색을 지정할 수 있고 각 타일의 크기와 여백
(Margin), 타일 사이의 간격(Spacing) 등도 지정할 수 있다.

Browse 버튼을 눌러서 Cocos2D JavaScript가 설치된 폴더로 이동하자. 기본값
으로 설치하면 Program Files에 설치된다.

```
Cocos2D JavaScript/tests/assets/tests/resources/TileMaps/ortho-test1.png
```

파일을 선택하고 OK를 누르면 오른쪽 아래의 Tilesets에 ortho-test1이 추가되
고 각종 타일을 볼 수 있다. 이제 이 타일을 선택한 뒤 왼쪽 격자(격자가 보이지
않으면 View 〉 Show Grid를 선택)를 클릭해 타일을 그려보자.

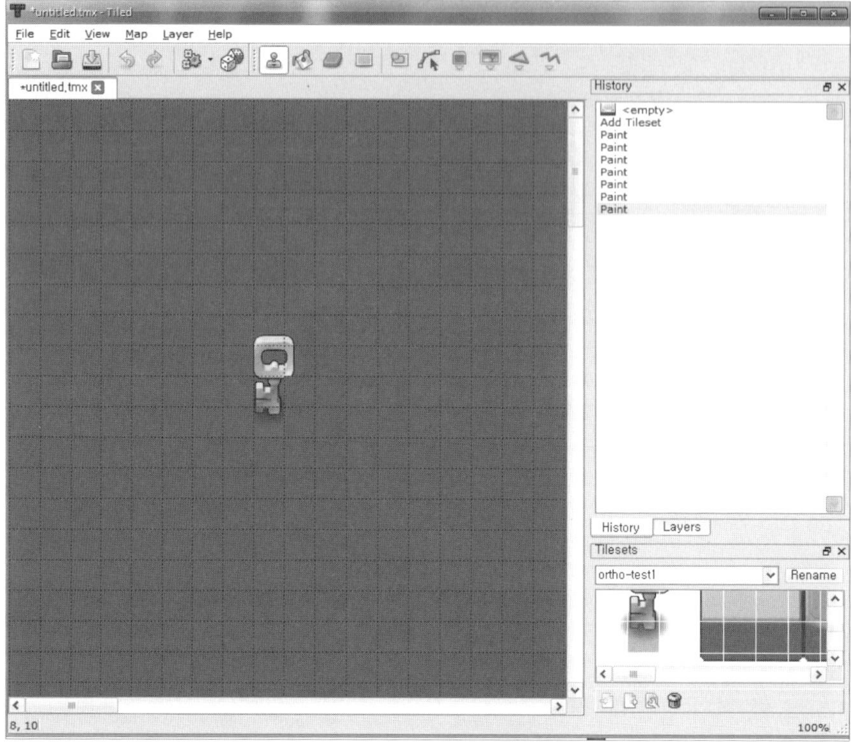

[**그림 13-12**] 타일 그리기

그림 13-12처럼 맵에 타일이 그려지는 것을 확인할 수 있으며, 오른쪽의 History
에서 작업을 취소할 수 있다.

메뉴 기능 알아보기

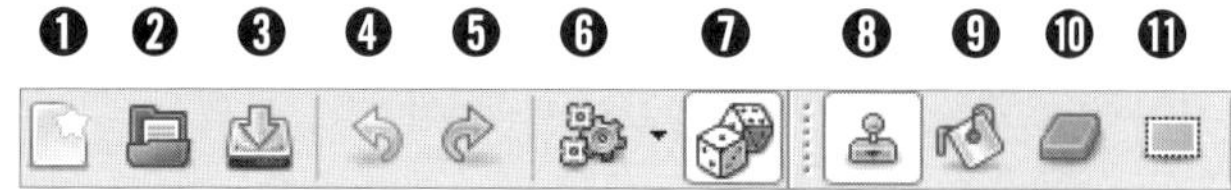

[**그림 13-13**] Tiled의 메뉴 기능

❶ New Map : 새로운 타일맵을 만든다.

❷ Open : Tmx 타일맵을 불러온다.

❸ Save : 현재 편집 중인 타일맵을 저장한다.

❹ Undo : 실행 취소

❺ Redo : 되돌리기

❻ Execute Command : 설정한 Command를 실행

❼ Random Mode : 타일세트에서 범위를 지정한 타일을 랜덤으로 배치

❽ Stamp Brush : 타일세트에서 선택한 부분을 맵에 그린다

❾ Bucket Fill Tool : 선택한 타일로 선택한 범위를 가득 채운다

❿ Eraser : 지우기

⓫ Rectangular Select : 범위 선택

보통 Bucket Fill Tool로 배경을 채운 후 타일을 배치하는 식으로 진행하면 편리하다.

Layers

오른쪽에 있는 History 탭 옆의 Layers를 눌러보자. 레이어의 목록이 보이며 레이어의 순서를 조정하거나 레이어를 추가/삭제하고 레이어의 투명도를 조절할 수 있다. Tiled는 Tile Layer와 Object Layer로 두 종류의 레이어를 지원한다.

Tile Layer에는 타일을 배치할 수 있고 Object Layer에는 오브젝트를 배치할 수 있는데 일반적으로 위치와 크기가 고정된 타일을 배치하는 배경화면을 구성할 때는 Tile Layer를 사용하고 적이나 주인공 등 게임이 진행됨에 따라 위치와 크기가 달라질 수 있는 객체를 배치할 때는 Object Layer를 사용한다. 이때 등장 위치를 지정할 때는 일반적인 Object를 사용하고 개별 타일에 다른 속성을 부가하고 싶을 때는 Tile Object를 사용하면 된다.

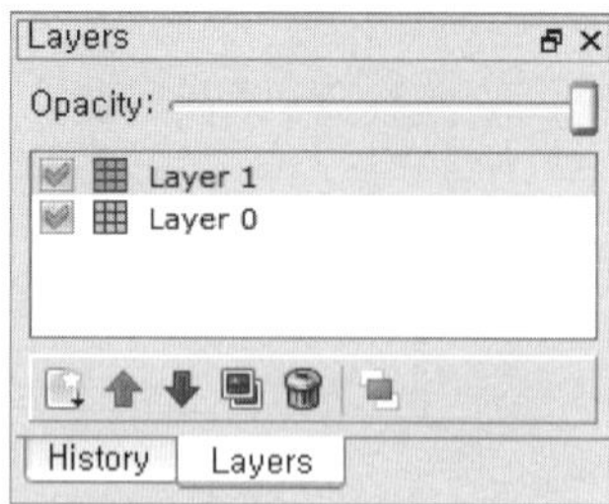

[그림 13-14] Layers

Object Layer 메뉴 기능 알아보기

[그림 13-15] Object Layer 메뉴

❶ Select Object : 오브젝트 선택

❷ Insert Object : 오브젝트 삽입

❸ Insert Tile : 타일 형태의 오브젝트 삽입

오브젝트를 맵에 배치한 후 마우스 오른쪽 버튼을 클릭해 Object Properties 메뉴를 실행해보자.

Name에는 오브젝트의 이름을 Type은 종류를 입력하고 위치와 크기를 지정한 후 new property를 눌러 속성을 부여할 수 있다. 속성의 이름과 값으로 다양하게 구현할 수 있는데, 예를 들면 적에게 체력이라는 속성을 부여하고 적마다 다른 체력을 부여하는 식으로 활용할 수 있다.

오브젝트가 아닌 일반 타일에도 속성을 부여할 수 있다. 이때는 타일세트에서 속성을 부여할 타일을 마우스 오른쪽 버튼으로 클릭한 후 Tile Properties를 실행하면 된다. 오브젝트와 마찬가지로 new property를 눌러 속성을 정의할 수 있다.

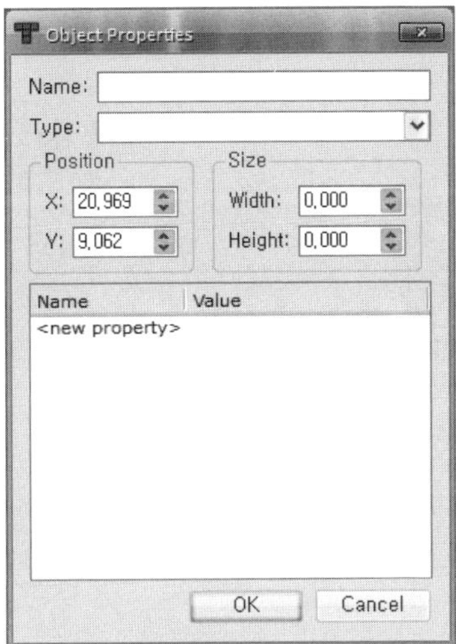

[그림 13-16] Object Properties

이렇게 만든 타일맵의 구체적인 활용은 14.2절, "breakout"의 실전 프로젝트에서 소개하겠다. 이 밖에도 Cocos2D 설치 폴더의 tests/src/tests/tile_maps 예제를 참고하는 것도 좋다.

14

실전 프로젝트

이제 게임을 만들기 위한 준비가 모두 끝났다. 하지만 한 번도 게임을 만들어보지 않은 독자는 어디서부터 어떻게 시작해서 어떻게 마무리 지어야 할지 감이 잡히질 않을 것이다. 이번 실전 프로젝트에서는 지금까지 학습한 내용을 이용해 실제로 간단한 게임을 만들어보면서 게임 개발의 흐름을 이해하고 앞에서 배운 내용을 실제로 활용하는 방법을 알아본다. 여기서 다룰 프로젝트는 추억의 게임인 갤러그와 Cocos2D 웹사이트에 소개된 벽돌깨기 데모인 breakout이다.

Demo – 갤러그

이제부터 여러분이 만들 게임은 추억의 슈팅 게임인 갤러그다.

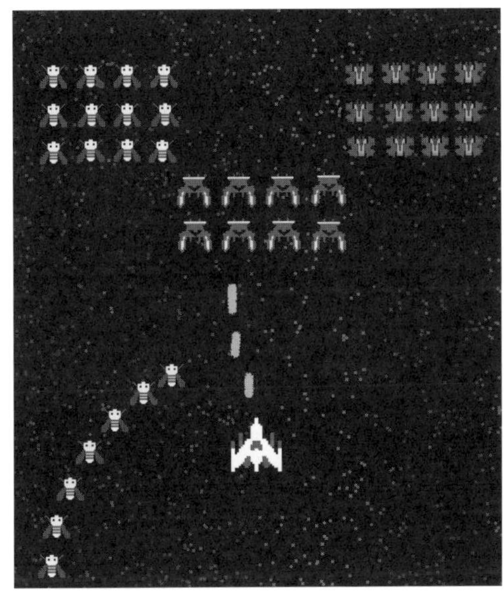

[**그림 14-1**] 갤러그

갤러그는 1981년 남코사에서 개발한 슈팅 게임으로 당시 엄청난 인기를 끌며 많은 아이의 동전을 오락기 속으로 빨아들였던 전설의 게임이다. 첫 번째 실전 프로젝트로 갤러그를 택한 이유는 두 가지다. 게임 중에서 슈팅 게임이 개발하기가 쉽고 슈팅 게임 가운데 갤러그가 가장 친숙하기 때문이다.

이제부터 그동안 배운 기술을 최대한 활용해 갤러그를 만들겠다. 여기서는 갤러그의 간단한 버전으로 비행기를 움직여서 총알을 발사하고 적들을 파괴하는 게임의 핵심 부분만 구현하겠다. 게임을 한 번도 만들어보지 않은 독자도 충분히 해낼 수 있으니 두려워 말고 시작해보자!

갤러그 개발 로드맵

무작정 생각나는 대로 만들기 시작할 수도 있지만 대부분 게임 개발은 재미로 또
는 상용화를 목적으로 팀 단위로 이뤄지므로 간략하게 일반적인 게임 개발의 흐
름을 소개하겠다. 하지만 여기서 소개하는 내용은 기본적인 간략한 내용이며, 절
대적인 것은 아니므로 회사나 팀별로 다를 수 있다는 점을 참고하기 바란다. 먼저
대략적인 흐름은 다음과 같다.

1. 기획
2. 기능 명세서 작성
3. 일정 산출
4. 개발
5. 문서화
6. QA
7. 완성

먼저 게임을 전체적으로 기획하고 기획한 내용을 구현하기 위해 어떤 기능이 필요
한지 기획서를 작성한다. 기능 명세서가 작성되면 실제로 해당 기능을 개발하는
데 기간이 얼마나 걸릴지 일정을 산출하고 전체 일정이 나오면 실제 개발에 들어
간다. 개발을 완료하면 해당 내용을 문서화하면서 게임에 문제가 없는지 각종 문
제점을 찾고 보완하는 QA 과정을 거쳐 게임을 완성한다. 큰 틀을 이해했으면 자
세한 내용은 실제로 갤러그를 개발하면서 배워보자.

갤러그 기획

이미 게임 기획에 관한 많은 자료가 나와 있고 여기서 모두 다루기에는 내용이 방
대하다. 또 갤러그는 이미 존재하는 게임으로 구체적인 기획이 필요하지 않으므
로 혹시라도 갤러그를 모르는 독자를 위해 간략하게 내용을 소개하고 마무리하겠
다.

갤러그는 슈팅 게임으로 적이 화면 밖에서 나타나 화면 밖으로 사라지는 흐름형
슈팅 게임이 아닌 처음부터 모든 적이 화면에 등장하는 고정형 슈팅 게임이다. 사

용자는 아군기를 좌우로 움직이며 총알을 발사할 수 있고 총알에 적이 맞으면 적은 사라진다. 적도 아군기를 향해 총알을 발사할 수 있으며, 주인공이 적의 총알에 맞으면 아군기가 파괴되며 생명이 줄어든다. 생명이 모두 소모되면 게임이 종료된다.

기능 명세서 작성

기능 명세서 작성은 문장 그대로 기획한 내용을 실제로 구현하기 위한 세부 내용을 기능별로 정리하는 과정이다. 특별한 양식은 없으며, 자신의 취향에 맞는 양식을 사용하면 된다. 이렇게 기능 명세서를 작성하는 이유는 팀으로 작업할 때 작업을 원활하게 분배할 수 있고 전체 일정을 산출해 특정 시점에서 프로젝트가 얼마나 마무리됐는지 확인할 수 있기 때문이다. 갤러그는 이미 완성된 게임이므로 간단하게 기능 명세서를 작성해 보자. 여기서는 기능의 세부사항을 소개하고 Cocos2D에 맞게 Scene과 객체 단위로 작성하는 정도만 다루겠다.

- 메뉴 Scene

  게임을 시작했을 때 최초로 실행되는 Scenc이다. 갤러그의 인트로 이미지가 보이고 비행기가 깜박인다. 비행기를 클릭하면 게임 Scene으로 연결한다.

- 게임 Scene

  게임이 실행되는 Scene이다. Schedule을 이용해 전체적인 게임을 진행하며, 아군기와 적기 그리고 아군기와 적기가 발사한 총알과 아군기의 생명이 표시된다.

- 결과 Scene

  아군기의 생명이 모두 소모해 패배하거나 적기를 모두 파괴해 승리했을 때 보이는 Scene이다.

- 아군기

  아군기는 게임 Scene에서 활용하는 객체로 사용자의 키보드 입력을 받아 좌우로 움직이고 스페이스바를 누르면 총알을 발사한다. 적군기가 발사한 총알에 맞으면 생명이 감소하고 파괴된다.

- 적기

  적기는 게임 Scene에서 활용하는 객체로 자동으로 총알을 발사하며, 아군기가 발사한 총알에 맞으면 폭발 애니메이션과 함께 파괴된다.

- 총알

  총알은 게임 Scene에서 활용하는 객체로서 아군기나 적기에 의해 발사되며 발사 방향으로만 움직인다. 화면 밖으로 이동하게 되면 사라지며 상대방과 충돌하면 상대방을 파괴한다.

일정 산출

사실 게임 프로젝트에서 일정 산출은 아주 중요한 부분이지만 일정 산출이 중요한 이유는 따지고 보면 개발적인 면보다는 사업적인 이유가 크기 때문에 학습 목적상 큰 비중을 두지 않겠다. 일정 산출이 중요한 이유는 일정이 없으면 프로젝트를 관리할 수 없기 때문이다. 인정받는 개발자가 되려면 일정 계획을 잘 세울 수 있어야 한다. 일정을 너무 짧게 잡으면 일정에 쫓겨서 피폐한 삶을 살거나 일정 내에 일을 못 끝내는 못 믿을 사람이 되고, 너무 긴 일정을 잡으면 무능한 사람이 되기 때문이다. 또 사람마다 개인차는 있겠지만 일정이 너무 느긋하면 개발 효율도 떨어지기 마련이다. 개인적인 팁을 소개하자면 기능 명세서를 보고 스스로 예상하는 기간의 두 배를 일정으로 잡으면 경험상 유능하면서도 신뢰받는 개발자가 될 수 있었다.

갤러그는 짧은 프로젝트로서 오히려 기획서와 기능 명세서를 작성하고 일정을 산출하는 과정 자체가 낭비라고 할 수 있다. 하지만 독자들이 앞으로 훨씬 크고 멋진 게임을 만들 것이라 믿어 의심치 않으므로 간략하게나마 게임 개발자로서 알아둘 만한 내용을 소개했다.

버전 관리 시스템

아마 대부분 알겠지만 혹시나 하는 마음에 소개하는 버전 관리는 어느 분야에서 개발하든 아무리 강조해도 모자라지 않을 정도로 중요하다. 여러 사람이 함께 작업할 때, 특히 프로그래머는 같은 소스코드를 수정할 일이 생길 수 있다. 버전 관리 시스템을 사용하지 않아서 동시에 같은 파일의 소스코드를 수정하면 누가 먼저 작업을 시작했는지 서로 어떤 부분이 겹치는지 등을 관리하기가 굉장히 어려워진다. 잘못하면 힘들게 작업한 결과물이 사라질 수도 있다. 또 버전 관리 시스템을 사용하면 내가 개발한 코드를 다른 사람이 수정해 달라졌을 때 어떤 부분을 왜 수정했는지 일일이 물어보거나 코드를 분석하고 확인해야 하는 번거로움도 쉽게 해결할 수 있다. 심지어 이전 상태로 작업 결과물을 되돌려야 할 때도 있다. 예를 들어, 게임 서비스 도중 큰 문제가 생겨 버그를 수정할 시간이 부족할 때 잘 동작하던 이전 버전으로 되돌려야 할 때가 있다. 이 또한 버전 관리를 하지 않으면 더없이 힘든 작업이 될 것이다. 갤러그 개발에서 버전 관리를 활용하지는 않지만 다른 사람과 함께 하는 프로젝트나 상용화 프로젝트에서는 반드시 사용해야 할 것이다.

버전 관리 시스템은 Perforce, AlienBrain, Subversion(SVN) 등 많은 유/무료 시스템이 나와 있는데 각자의 상황에 맞는 시스템을 이용하면 된다. 한 가지 시스템을 소개하자면 Cocos2D의 개발자도 사용하고 있는 github다. 상세한 내용은 다음 웹사이트를 방문해보자.

http://github.com

갤러그 개발

그럼 이제부터 다음 흐름에 따라 본격적으로 갤러그를 만들어보자.

- 메뉴 Scene 구성
- 게임 Scene구성
- 아군기의 이동과 총알 발사
- 적기의 인공지능
- 아군기와 적기의 총알 충돌 검사 및 폭발 애니메이션
- 게임 종료 시 결과 Scene으로 연결

01. 먼저 새로운 프로젝트를 하나 만들자. 시작 〉 프로그램 〉 Cocos2d JavaScript 〉 create new project를 실행하고 원하는 경로(필자는 바탕화면을 주로 사용한다.)에 프로젝트 폴더(Galaga)를 생성한 후 확인`버튼을 누른다.

02. 리소스 파일을 추가한다. 다음의 사이트에 방문하거나 위키북스 홈페이지에서 제공하는 galagasheet.png를 프로젝트 폴더의 /src/resources로 복사한다.

http://www.spriters-resource.com/arcade/galaga/galagasheet.png

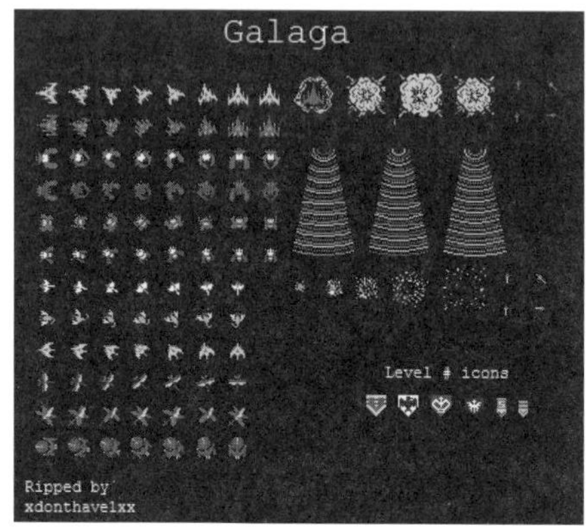

[그림 14-2] galagasheet.png

메뉴 Scene 구성

메뉴 Scene을 구성해보자. 먼저 Galaga라는 커다란 제목 Label과 비행기를 누르면 시작한다는 설명 Label을 출력하고 galagasheet.png를 이용해 아군기 Sprite를 화면에 출력한다. /src/main.js 파일을 열고 다음과 같이 수정한다.

[예제 14-1]

```javascript
// galagasheet.png를 리소스 파일로 사용하기 위해 2D 텍스처로 변환
var texture = new cocos.Texture2D({ file: '/resources/galagasheet.png' })

function Galaga () {
    Galaga.superclass.constructor.call(this)

    // 타이틀 Label 생성
    var title = new Label({string : "Galaga", fontSize:40,
                    fontColor:"yellow"})
```

```javascript
title.position = ccp(320,340)
this.addChild(title)

  // 설명 Label 생성
var desc = new Label({string : "아래 비행기를 눌러서 시작해 주세요",
                      fontSize:20})
desc.position = ccp(320,240)
this.addChild(desc)

  // 설명 Label이 계속해서 깜박거리도록 설정
  // var action = new cocos.actions.Blink({ duration: 1, blinks: 1 })
  // desc.runAction(new cocos.actions.RepeatForever(action))

  // 아군기 Sprite 생성
var airplane_frames = [ new cocos.SpriteFrame({ texture: texture,
                      rect: new geo.Rect(184, 55, 15, 17) })]
var airplane = new nodes.Sprite({ frame: airplane_frames[0] })

var menu = new nodes.Menu([])
var menuItem = new nodes.MenuItemSprite ({
    normalImage:airplane,
    callback:function () {
    }
})
menuItem.scale = 2
menu.position = ccp(320, 100)

menu.addChild(menuItem)
this.addChild(menu)
}
```

코드를 수정하고 결과를 확인해보자.

[그림 14-3] 메뉴 Scene

그림 14-3과 같은 화면이 나온다면 성공이다. 이제 조금 더 생동감을 주기 위해 설명 Label을 깜박이게 해보자.

```
// var action = new cocos.actions.Blink({ duration: 1, blinks: 1 })
// desc.runAction(new cocos.actions.RepeatForever(action))
```

위 코드의 주석을 풀고 결과를 확인하면 설명 Label이 깜박거리는 모습을 확인할 수 있다. 이제 아군기를 누르면 게임이 시작되는 게임 Scene으로 연결해보자.

게임 Scene 구성

게임 Scene이 없는 상태에서 게임 Scene으로 연결할 수는 없으므로 먼저 게임 Scene을 만든다. 일단 세부적인 기능은 제쳐놓고 기본적인 모양만 만들어보겠다.

/src/main.js의 Galaga.inherit(Layer) 코드 아래에 다음과 같은 코드를 추가하자.

[예제 14-2]

```
function GalagaGame () {
    GalagaGame.superclass.constructor.call(this)
    this.isKeyboardEnabled = true
}


GalagaGame.inherit(Layer,{
})
```

게임 Scene에서 사용할 새로운 Layer를 준비하고 키보드 입력을 받기 위해 this.
isKeyboardEnalbed 값을 true로 설정했다. 이제 메뉴 Scene의 비행기를 클릭
하면 게임 Scene으로 연결되게 만들어보자.

```
var menuItem = new nodes.MenuItemSprite ({
    normalImage:airplane,
    callback:function () {
        var sceneGame = new Scene()
        var layerGame = new GalagaGame()
        sceneGame.addChild(layerGame)
        Director.sharedDirector.replaceScene(new nodes.
            TransitionSlideInB({ duration: 0.5, scene: sceneGame }))
    }
})
```

굵은 글씨 부분을 위와 같이 메뉴 Scene의 아군기 callback 부분에 추가한다.

앞서 만든 GalagaGame Layer를 활용해 게임 Scene을 만들고
TransitionSlideInB 액션으로 슬라이드 애니메이션과 함께 게임 Scene으로 넘어
가는 코드다. 수정을 완료하고 다시 결과를 확인해보자. 아군기를 눌러보면 메뉴
Scen이 위로 올라가면서 게임 Scene으로 바뀌는 것을 확인할 수 있다. 하지만 현
재 게임 Scene에는 아무것도 보이지 않는다. 이제 게임 Scene에 아군기를 그려
보자.

앞으로는 똑같은 이미지를 생성할 일이 많다. 같은 이미지를 여러 번 생성할 때 한수를 이용해 코드를 줄이면 관리하기도 좋고 디버깅하기도 편하다. 다음과 같이 아군기를 생성하는 코드를 만들어보자.

```
var texture = new cocos.Texture2D({ file: '/resources/galagasheet.png' })
```

예제 14-1의 맨 위에 있는 texture 선언 아래에 아군기를 생성하는 코드를 다음과 같이 추가한다.

[예제 14-3]

```
function Airplane (x,y){
    var airplane_frames = [ new cocos.SpriteFrame({ texture: texture,
                               rect: new geo.Rect(184, 55, 15, 17) })]

    var airplane = new nodes.Sprite({ frame: airplane_frames[0] })
    airplane.scale = 2
    airplane.position = ccp(x,y)

    return airplane
}
```

간단하게 x, y 좌표에 따라 Sprite를 생성하고 크기를 2배로 키워서 반환하는 함수다. 크기를 2배로 키우는 이유는 리소스 파일의 해상도가 낮아서 잘 보이게 하는 용도다.

이제 이 함수를 이용해 게임 Scene에 아군기와 아군기의 생명을 출력하기 위해 GalagaGame()를 다음과 같이 고쳐보자.

[예제 14-4]

```
function GalagaGame () {
    GalagaGame.superclass.constructor.call(this)
    this.isKeyboardEnabled = true
```

```
    // 아군기 생성
    this.airplane = Airplane(320,60)
    this.addChild(this.airplane)

    // 아군기 생명 생성. 최초 2개.
    this.life = [Airplane(20,20),Airplane(55,20)]
    this.addChild(this.life[0])
    this.addChild(this.life[1])
}
```

화면 가운데에 게임에 쓸 아군기와 왼쪽 아래에 생명을 표현하는 두 개의 아군기
가 출력되면 성공이다.

이때 Layer에서 airplane과 life라는 변수를 사용하므로 원칙적으로는 선언하는
것이 옳다. 코드 관리나 차후 디버깅할 때 유용하기 때문이다. 하지만 학습 목적
상 선언 부분을 빈번하게 수정해야 하므로 생략했음을 밝히며, 선언하고 싶다면
예제 14-2에 다음과 같은 형식으로 굵게 표시한 부분을 추가하면 된다.

```
GalagaGame.inherit(Layer,{
    airplane:null,
    life:null
})
```

이제 다음 단계로 넘어가서 적기를 화면에 출력해보자. 이번에도 Airplane() 함수
처럼 적기를 생성하는 Enemy 함수를 만들어보자. Airplane()과 다른 점은 두 종
류의 적기가 있으며 인자에 따라 이미지가 달라지고 계속해서 날개를 오므렸다가
펴는 애니메이션을 보여준다는 점이다.

```
var texture = new cocos.Texture2D({ file: '/resources/galagasheet.png' })
```

예제14-1의 가장 위에 있는 texture 선언 아래에 적기를 생성하는 코드를 다음과
같이 추가한다.

[예제 14-5]

```javascript
function Enemy (x,y,type) {
    var enemy_frames = [ new cocos.SpriteFrame({
            texture: texture, rect: new geo.Rect(161, 103, 15, 16) }),
            new cocos.SpriteFrame({
            texture: texture, rect: new geo.Rect(185, 103, 15, 16) })]

    // 적기의 종류가 다를 경우 이미지를 바꿔준다.
    if(type == "type2") {
        var enemy_frames = [ new cocos.SpriteFrame({
            texture: texture, rect: new geo.Rect(161, 127, 15, 16) }),
            new cocos.SpriteFrame({
            texture: texture, rect: new geo.Rect(185, 127, 15, 16) })]
    }

    var enemy = new nodes.Sprite({ frame: enemy_frames[0] })
    enemy.scale = 2
    enemy.position = ccp(x,y)

    // 적기가 계속해서 애니메이션되게 설정
    var animation = new cocos.Animation({
                    frames: enemy_frames, delay: 0.4 })
    var animate   = new cocos.actions.Animate({ animation: animation })
    enemy.runAction(new cocos.actions.RepeatForever(animate))

    return enemy
}
```

실제로 적기를 게임 Scene에 출력하기 위해 GalagaGame() 함수를 다음과 같이
수정한다.

[예제 14-6]

```
function GalagaGame () {
    GalagaGame.superclass.constructor.call(this)
    this.isKeyboardEnabled = true

    this.airplane = Airplane(320,60)
    this.addChild(this.airplane)

    this.life = [Airplane(20,20),Airplane(55,20)]
    this.addChild(this.life[0])
    this.addChild(this.life[1])

    this.enemies = []

    // 4기씩 3줄로 적기 생성
    for (var i = 0; i<4; i++) {
        for (var j = 0; j<3; j++) {
            var x = i * 50
            var y = j * 50
            var enemy = Enemy(100+x,300+y)
            this.addChild(enemy)
            // 생성한 적기를 관리하기 위해 배열에 추가
            this.enemies.push(enemy)
        }
    }
    // 다른 적기 추가 부분
    // Schedule 설정
}
```

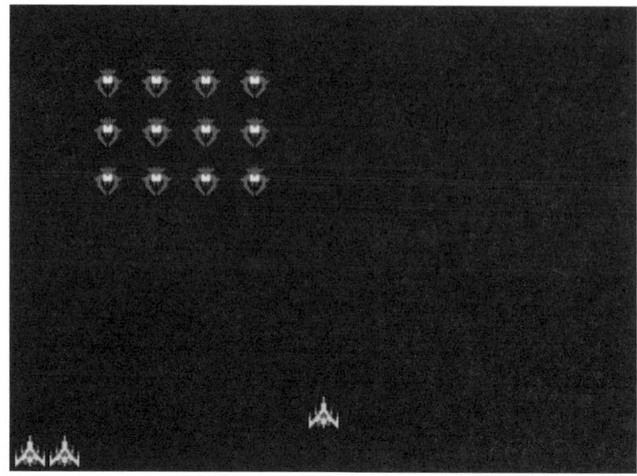

[그림 14-4] 적기 출력

그림 14-4처럼 적기가 귀엽게 춤을 추면 성공이다. 이번에는 오른쪽에 다른 모양의 적기를 추가해보자.

예제 14-6의 다른 적기 추가 부분이라고 쓰인 주석 아래에 다음 코드를 추가하면 된다.

[예제 14-7]

```
// 다른 적기 추가
for (var i = 0; i<4; i++) {
    for (var j = 0; j<3; j++) {
        var x = i * 50
        var y = j * 50
        // 적기 생성 시 인자로 type2를 전달한다
        var enemy = Enemy(400+x,300+y,"type2")
        this.addChild(enemy)
        this.enemies.push(enemy)
    }
}
```

왼쪽에 적기를 추가했을 때와 크게 다르지 않은 코드지만 적기를 생성할 때 "type2"를 인자로 전달하면서 왼쪽에 있는 적기와는 다른 이미지를 출력한다.

아군기의 이동과 총알 발사

이제 기본적으로 게임 Scene에서 보여야 할 모든 것이 준비됐으므로 이번에는 아군기를 움직이고 총알을 발사할 수 있게 만들어보자.

예제 14-6의 Schedule 설정이라고 쓰인 주석 아래에 다음 코드를 추가하자.

[예제 14-8]

```
// Schedule 설정
this.missiles = []
this.enemyMissiles = []
this.keyMap = {}

this.schedule({method:"update",interval:0.02})
```

missiles는 아군기가 발사한 총알을 enemyMissiles는 적기가 발사한 총알을 관리하는 변수이고 keyMap은 입력받은 키보드 값을 게임에서 활용할 수 있게 맵 형태로 저장하는 변수다. 마지막으로 update 메소드가 0.02초 간격으로 호출되게 Schedule을 설정했다. 이제 Event 처리를 위해 다음과 같이 코드를 수정해보자.

[예제 14-9]

```
GalagaGame.inherit(Layer,{
    keyDown :function (evt) {
        evt.preventDefault()

        this.keyMap[evt.keyCode] = true;
    },
    keyUp : function (evt) {
        this.keyMap[evt.keyCode] = false;
```

```
    },
    update :function (delay) {
    }
}))
```

keyDown 이벤트가 발생하면 keyMap에 해당하는 keyCode 값이 true가 되고 keyUp 이벤트가 발생하면 false가 되게 한다. 이렇게 하는 이유는 사용자가 키를 계속해서 누르고 있을 때도 동작하게 하기 위해서다. 0.02초마다 호출하는 update는 현재 아무런 동작도 하지 않는다. 이번에는 update 부분을 고쳐서 keyMap의 keyCode 값에 따라 아군기가 좌우로 이동하게 해보자.

[예제 14-10]

```
update :function (delay) {
    // 아군기의 키 입력에 따른 이동
    var airplane = this.airplane

    // 키보드의 왼쪽 방향키가 눌려져 있으면 아군기가 왼쪽으로 이동
    if(this.keyMap[37]) {
        airplane.position = ccp(airplane.position.x - 10,
                                airplane.position.y)
    }
    // 키보드의 오른쪽 방향키가 눌려져 있으면 아군기가 오른쪽으로 이동
    else if(this.keyMap[39]) {
        airplane.position = ccp(airplane.position.x + 10,
                                airplane.position.y)
    }

    // 총알 발사 부분
    // 적기 총알 발사 부분
    // 화면 밖으로 나간 총알 제거
    // 적기 충돌 검사
    // 아군기 충돌 검사
    // 게임 종료 처리
}
```

keyCode 37은 왼쪽 방향키를, 39는 오른쪽 방향키를 나타낸다. 즉, 방향키에 따라 아군기의 위치를 왼쪽과 오른쪽으로 10만큼 이동하는 코드다.

이번에는 스페이스 바를 누르면 아군기가 총알을 발사하게 해보자. 먼저 총알을 만들기 위해 Airplane() 함수처럼 총알을 생성하는 함수를 만든다.

```
var texture = new cocos.Texture2D({ file: '/resources/galagasheet.png' })
```

예제14-1의 맨 위에 위치한 texture 선언 코드 아래에 다음과 같이 총알을 생성하는 함수를 추가한다.

[예제 14-11]

```
function Missile (position) {
    var missile_frames = [ new cocos.SpriteFrame({
                texture: texture, rect: new geo.Rect(374, 51, 3, 8) })]

    var missile = new nodes.Sprite({ frame: missile_frames[0] })
    missile.scale = 2
    missile.position = ccp(position.x,position.y)

    // 총알 생성과 동시에 위쪽으로 움직이는 액션을 실행
    missile.runAction(new cocos.actions.MoveBy({duration:1.5,
                position:ccp(0,1000)}))

    return missile
}
```

총알은 생성되면 바로 1.5초 동안 (0, 1000)만큼 이동하는 MoveBy 액션을 통해 위로 나아간다. 이제 실제로 총알을 발사하는 부분을 추가해보자.

예제 14-10에서 "총알 발사"라고 적힌 주석 아래에 다음 코드를 추가한다.

[예제 14-12]

```
    // 총알 발사
    if(!this.missileDelay) { // 최초 총알 준비 시간을 0으로 설정
        this.missileDelay = 0
    }
    this.missileDelay += delay // 총알 준비 시간을 0.02초 증가

    // 스페이스바가 눌려졌으면서 총알 준비 시간이 0.5초가 넘으면
    if(this.keyMap[32] && this.missileDelay > 0.5) {
        // 아군기의 위치를 기준으로 총알 생성
        var missile = Missile(this.airplane.position)
        this.addChild(missile)
        // 발사한 총알을 관리하기 위해 배열에 추가
        this.missiles.push(missile)
        this.missileDelay = 0
    }
```

여기서 눈여겨볼 부분은 총알 발사를 지연하는 부분이다. 총알 발사를 아군기 이동처럼 0.02초마다 처리하면 난이도가 너무 쉬워지므로 0.5초마다 한 번씩만 총알을 발사할 수 있게 설정했다. keyCode 32는 스페이스 키로 총알을 발사한 지 0.5초가 지난 뒤 스페이스 키를 누르면 총알이 생성되어 위로 날아간다.

실제로 실행해보고 결과를 확인해보자. 그림 14-5처럼 총알이 발사되면 성공이다.

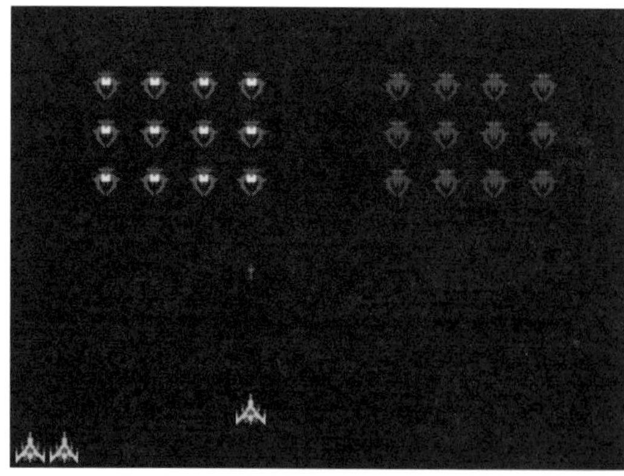

[그림 14-5] 총알 발사

적기의 인공지능

일방적으로 아군기만 적기를 격추할 수 있다면 금방 질리는 지루한 게임이 될 것이다. 게임의 재미를 위해 이번에는 적기도 총알을 발사할 수 있게 해보자.

적기도 아군기와 마찬가지로 0.5초마다 총알을 발사하는데, 한 번에 적기 하나씩 순서대로 돌아가며 총알을 발사하게 해보자. 또 총알을 발사하는 적기는 360도로 멋지게 회전하게 해보자. 예제 14-10에서 "적기 총알 발사"라고 적힌 주석 아래에 다음 코드를 추가한다.

[예제 14-13]

```
// 적기 총알 발사
if(!this.enemyDelay) { // 최초 적기의 총알 발사 준비 시간을 0으로 설정
    this.enemyDelay = 0
}

this.enemyDelay += delay

if(!this.nextEnemy) { // 최초로 총알을 발사 적기를 첫 번째 적기로 설정
    this.nextEnemy = 0
}
// 적기가 모두 총알을 발사하면 다시 첫 번째 적기부터 총알 발사
else if (this.nextEnemy >= this.enemies.length){
    this.nextEnemy = 0
}

// 총알 준비 시간이 0.5초가 넘어가면
if(this.enemyDelay > 0.5) {
    // 적기 총알 발사
    this.enemies[this.nextEnemy].runAction(new cocos.actions.RotateBy({
                duration:1,angle:360})) // 총알 발사 시 적기 회전

    var missile = EnemyMissile(this.enemies[this.nextEnemy].position)
    this.addChild(missile)
    this.enemyMissiles.push(missile)
```

```
    // 총알 준비 시간 초기화
    this.enemyDelay = 0
    // 총알을 발사할 적기를 다음 적기로 설정
    this.nextEnemy++
}
```

아군기의 총알과 같은 방식으로 enemyDelay를 0.5초로 설정해 0.5초마다 적기의 총알이 발사되게 한다. 이때 한 번에 적기 하나씩 순서대로 총알을 발사한다. 적기는 this.enemies 배열로 이뤄져 있으므로 this.enemies[0]을 호출하면 첫 번째 적기를 호출해 총알을 발사할 수 있다. 이렇게 this.enemies[1], this.enemies[2]와 같은 식으로 this.nextEnemy를 이용해 index 값을 증가시키면 차례대로 적기가 총알을 발사하게 만들 수 있다. 이렇게 모든 적기가 총알을 발사하고 나면 다시 첫 번째 적기부터 총알을 발사하게 한다. 또 발사할 때는 회전 (RotateBy) 액션을 이용해 긴장감을 더했다.

하지만 이 코드는 아군기의 총알과 마찬가지로 EnemyMissile() 함수에 의존하므로 실행하기에 앞서 EnemyMissile() 함수를 생성해야 한다.

```
var texture = new cocos.Texture2D({ file: '/resources/galagasheet.png' })
```

예제14-1의 가장 위에 있는 texture 선언 아래에 적기의 총알을 생성하는 코드를 다음과 같이 추가한다.

[예제 14-14]

```
function EnemyMissile (position) {
    var missile_frames = [ new cocos.SpriteFrame({ texture: texture,
                        rect: new geo.Rect(366, 195, 3, 8) })]

    var missile = new nodes.Sprite({ frame: missile_frames[0] })
    missile.scale = 2
    missile.position = ccp(position.x,position.y)
```

```
missile.runAction(new cocos.actions.MoveBy({duration:1.5,
                    position:ccp(0,-1000)}))


    return missile
}
```

아군기의 총알과 다른 점은 MoveBy 액션의 좌표값이 (0, −1000)으로 설정돼 있어 아래로 발사된다는 점이고 이미지의 생김새도 약간 다르다. 그럼 이제 결과를 확인해보자.

이제 게임 시작과 동시에 위협적으로 몸을 회전하며 총알을 발사하는 적기가 보일 것이다. 굉장히 단순한 패턴이지만 다양한 방식으로 응용하면 더욱 매력적인 게임을 만들 수 있다.

이번에는 적기를 향해 총알을 계속해서 발사해보자. 그런데 이렇게 총알을 계속 발사하면 화면에는 보이지 않지만 메모리에 총알이 계속 쌓이게 된다. 이런 부분 때문에 게임이 느려지거나 강제로 종료되는 등 문제가 발생할 수 있으므로 화면 밖으로 나간 총알은 메모리에서 제거해주자.

자바스크립트는 해당 객체를 가리키는 변수가 없으면 자동으로 메모리에서 제거되므로 여기서는 배열에서 제거하는 방식으로 처리하겠다. 이때 배열에서 특정 인덱스를 제거하기가 까다로울 수 있으므로 쉽게 처리할 수 있는 함수를 하나 만들어보자.

```
var texture = new cocos.Texture2D({ file: '/resources/galagasheet.png' })
```

예제14−1의 가장 위에 있는 texture 선언 코드 아래에 다음 코드를 추가한다.

[예제 14−15]

```
function pickOut(array,idx) {
    var array1 = array.slice(0,idx)
```

```
    var array2 = array.slice(idx+1,array.length)

    return array1.concat(array2)
}
```

배열과 제거할 배열의 index를 넘겨받으면 index 부분을 제거한 배열을 반환하는 간단한 함수다. 이제 실제로 메모리에서 총알을 제거하기 위해 예제 14-10에서 "화면 밖으로 나간 총알 제거"라고 적힌 주석 아래에 다음 코드를 추가하자.

[예제 14-16]

```
// 화면 밖으로 나간 총알 제거
for(var i=0;i<this.missiles.length;i++){ // 아군기가 발사한 총알을 대상으로

    // 총알의 위치가 화면 밖이면 총알 제거
    if( this.missiles[i].position.y>700) {

        this.removeChild(this.missiles[i])
        this.missiles = pickOut(this.missiles, i)
        break
    }
}

for(var i=0;i<this.enemyMissiles.length;i++){ // 적기가 발사한 총알을 대상으로

    // 총알의 위치가 화면 밖이면 총알 제거
    if( this.enemyMissiles[i].position.y<-50) {
        this.removeChild(this.enemyMissiles[i])
        this.enemyMissiles = pickOut(this.enemyMissiles, i)
        break
    }
}
```

아군기와 적기가 발사한 총알의 y 좌표값을 검사해 총알이 화면 밖으로 나갔을 때 방금 만든 pickOut 함수를 이용해 배열에서 제거하게 했다.

아군기와 적기의 총알 충돌 검사 및 폭발 애니메이션

이제 안심하고 총알을 발사해보자. 총알은 잘 발사되지만 적기나 아군기가 서로 총알을 맞아도 전혀 변화가 없다. 아직 충돌 검사와 그에 따른 처리를 하지 않았기 때문이다.

먼저 아군기가 발사한 총알과 적기의 충돌을 검사해 충돌이 발생하면 화면에서 적기를 제거해 보자.

예제 14-10의 적기 충돌 검사라고 쓰인 주석 아래에 다음 코드를 추가하자.

[예제 14-17]

```
// 적기 충돌 검사
var isOverlap = false // 충돌 여부

for( var i=0;i<this.enemies.length;i++) {
    if(isOverlap)
        break

    var enemy = this.enemies[i]

    for( var j=0;j<this.missiles.length;j++) {
        var missile = this.missiles[j]

        isOverlap = geo.rectOverlapsRect(enemy.boundingBox,
                missile.boundingBox)
                // 적기와 아군기가 발사한 총알의 충돌 검사

        // 충돌했으면 총알과 적기 제거
        if(isOverlap) {
            this.removeChild(missile)

            this.missiles = pickOut(this.missiles, j)
            this.removeChild(enemy)
            this.enemies = pickOut(this.enemies, i)
```

```
        break
        // 폭발 애니메이션 추가
        }
    }
  }
```

아군기가 발사한 모든 미사일과 모든 적기의 충돌을 비교하는 다소 단순한 방법이다. 충돌이 일어나면 해당 총알과 해당 적기를 제거한다.

결과를 확인해 보면 총알에 맞은 적기가 사라지지만 뭔가 아쉽다. 그 아쉬움을 채우기 위해 총알과 적기가 충돌하는 순간에 폭발하는 애니메이션 장면을 넣어보자.

```
var texture = new cocos.Texture2D({ file: '/resources/galagasheet.png' })
```

예제14-1의 맨 위에 있는 texture 선언 아래에 폭발 애니메이션을 생성하는 다음 코드를 추가한다. 이 폭발 애니메이션은 type 인자에 따라 적기의 폭발과 아군기의 폭발을 다르게 보여준다.

[예제 14-18]

```
function Explosion (position,type,parent) {
    // 아군기가 폭발할 때
    var explosion_frames = [ new cocos.SpriteFrame({ texture: texture,
                            rect: new geo.Rect(208, 47, 32, 32) }),
        new cocos.SpriteFrame({
            texture: texture, rect: new geo.Rect(248, 47, 32, 32) }),
        new cocos.SpriteFrame({
            texture: texture, rect: new geo.Rect(288, 47, 32, 32) }),
        new cocos.SpriteFrame({
            texture: texture, rect: new geo.Rect(328, 47, 32, 32) })]

    // 적기가 폭발할 때
    if(type=="enemy") {
```

```javascript
explosion_frames = [ new cocos.SpriteFrame({
        texture: texture, rect: new geo.Rect(211, 202, 7, 8) }),
    new cocos.SpriteFrame({
        texture: texture, rect: new geo.Rect(234, 200, 12, 13) }),
    new cocos.SpriteFrame({
        texture: texture, rect: new geo.Rect(256, 199, 16, 16) }),
    new cocos.SpriteFrame({
        texture: texture, rect: new geo.Rect(283, 193, 27, 28) }),
    new cocos.SpriteFrame({
        texture: texture, rect: new geo.Rect(320, 191, 32, 32) })]

}

var explosion = new nodes.Sprite({ frame: explosion_frames[0] })
explosion.scale = 2
explosion.position = ccp(position.x,position.y)

// 폭발 애니메이션 후 폭발 대상 객체 제거
// 폭발 애니메이션 액션 생성
var animation = new cocos.Animation({
                        frames: explosion_frames, delay: 0.4 })
var animate = new cocos.actions.Animate({ animation: animation })
// 폭발한 대상 제거 액션 생성
var removeAction = new cocos.actions.CallFunc( {
    method:function (target) {
        parent.removeChild(target)
    }
})

// 액션을 순서대로 실행
var sequence = new cocos.actions.Sequence({
                        actions:[animate,removeAction]})
explosion.runAction(sequence)

return explosion
}
```

type 인자에 따라 다른 이미지를 사용하는 것은 Enemy()와 유사하지만 애니메이션이 끝나면 제거되는 부분이 다르다. sequence를 활용해 animation 액션이 끝나면 removeAction이 동작하게 했고 removeAction은 자신을 스스로 Layer에서 제거하는 기능을 수행한다. 한마디로 Explosion 함수를 통해 생성된 객체는 애니메이션 후 자동으로 사라진다.

예제 14-17에서 "폭발 애니메이션 추가"라고 적힌 주석 아래에 다음 코드를 추가하자.

```
// 폭발 애니메이션 추가 부분
this.addChild(Explosion(enemy.position,"enemy",this))
```

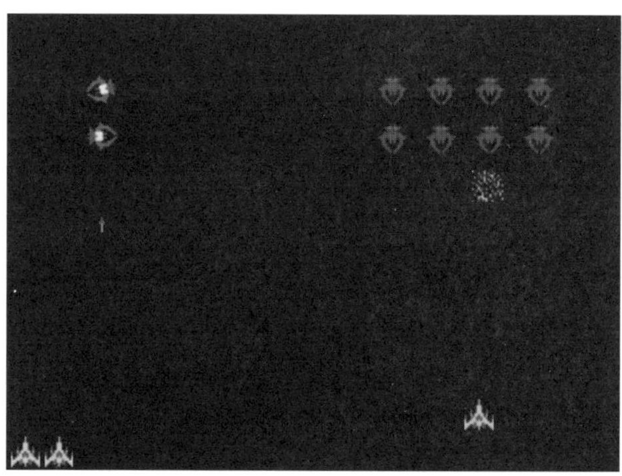

[그림 14-6] 적기 폭발

결과를 확인해 보면 위와 같이 총알에 맞은 적기가 폭발하는 장면이 보인다. 이번에는 적기의 총알에 아군기가 맞으면 생명을 잃게 해보자.

예제 14-10의 아군기 충돌 검사라고 쓰인 주석 아래에 다음 코드를 추가하자.

```
// 아군기 충돌 검사
isOverlap = false

for( var i=0;i<this.enemyMissiles.length;i++) {
    var airplane = this.airplane
    var missile = this.enemyMissiles[i]

    // 아군기와 적기가 발사한 총알의 충돌 검사          .
    isOverlap = geo.rectOverlapsRect(airplane.boundingBox,
                                     missile.boundingBox)

    if(isOverlap) {
        // 생명이 남아있지 않으면 게임 종료
        if(!this.life.length){
            this.gameOver = true
            break
        }

        // 아군기 폭파 애니메이션 생성
        this.addChild(Explosion(airplane.position,null,this))

        // 아군기 생명 감소
        this.removeChild(this.life[this.life.length-1])
        this.life = this.life.slice(0, this.life.length-1)

        // 아군기의 위치를 최초 위치로 변경
        airplane.position.x = -1000
        setTimeout(function () {
            airplane.position.x = 320
        }, 1000)
        break
    }
}
```

아군기와 적기가 발사한 모든 총알의 충돌을 검사해 충돌이 일어나면 생명을 감소시키고 아군기 폭파 애니메이션을 생성한다. 폭파 애니메이션이 일어날 동안 잠깐 아군기를 화면 밖으로 치웠다가 최초 시작 위치로 복원한다. 여기서 setTimeout이라는 자바스크립트 함수를 사용했지만 DelayTime 액션을 사용해도 무방하다. 이때 생명력이 하나도 남아있지 않으면 게임을 종료한다.

결과 Scene 구성

이제 아군기의 생명이 다하거나 적기를 모두 격추했을 때 게임이 종료되는 상황을 구현하기 위해 결과 Scene을 만들고 연결해보겠다. 예제 14-10에서 "게임 종료 처리"라고 적힌 주석 아래에 다음 코드를 넣어보자.

[예제 14-20]

```
// 아군기의 생명이 모두 다했을 때
if (this.gameOver) {
    var sceneGameOver = new Scene()
    var layerGameOver = new Layer()

    // Game Over Label 생성
    var title = new Label({string : "Game Over",
                        fontSize:40, fontColor:"pink"})
    title.position = ccp(320,240)
    layerGameOver.addChild(title)

    sceneGameOver.addChild(layerGameOver)

    // 회전 Scene 전환
    Director.sharedDirector.replaceScene(new nodes.TransitionRotoZoom({
                        duration: 1, scene: sceneGameOver }))
    return
}

// 적기를 모두 잡았을 때
else if(!this.enemies.length) {
```

```
        var sceneGameWin = new Scene()
        var layerGameWin = new Layer()

        // Yon Won Label 생성
        var title = new Label({string : "You Won", fontSize:40,
                            fontColor:"green"})
        title.position = ccp(320,240)
        layerGameWin.addChild(title)

        sceneGameWin.addChild(layerGameWin)

        // 슬라이드 Scene 전환
        Director.sharedDirector.replaceScene(new nodes.TransitionSlideInT({
                            duration: 1, scene: sceneGameWin }))
        return
    }
```

아군기의 생명이 다하면 회전하며 결과 Scene으로 전환되고 그림 14-7처럼
Game Over라는 핑크색 글씨가 보일 것이다.

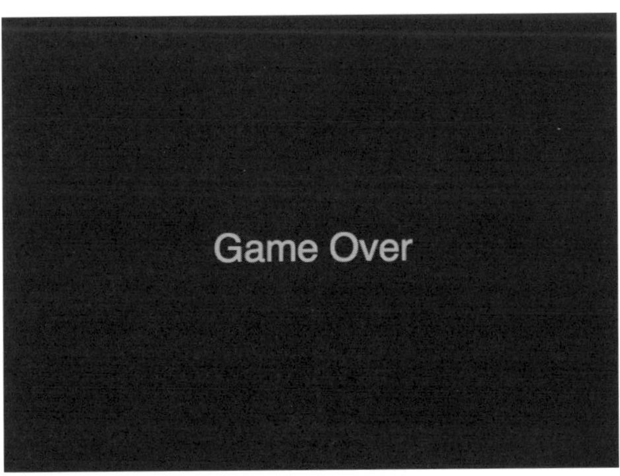

[그림 14-7] 사용자가 패배했을 때의 게임 종료 화면

코드는 단순하다. 새로운 Scene과 새로운 Layer를 생성하고 그 위에 Label을 생성해 추가한 후에 Transition을 이용해 Scene을 전환했을 뿐이다.

적기를 모두 잡았을 때는 어떻게 될까? 슬라이드 효과와 함께 결과 Scene으로 전환되고 그림 14-8과 같이 녹색 글씨로 승리를 축하해 줄 것이다.

갤러그의 기본적인 개발은 끝났다! 하지만 게임 개발이 이것으로 끝은 아니다. 앞에서도 잠깐 언급했지만 QA 과정을 거쳐야만 진정으로 개발을 마무리했다고 할 수 있다.

[그림 14-8] 사용자가 승리했을 경우의 게임 종료 화면

문서화

기능 개발이 모두 끝나면 보통 해당 작업 내용의 문서화를 진행한다. 해당 기능이 어떤 구실을 하고 어떤 구조인지 기술한다. 문서를 작성하면서 자신의 코드를 더 객관적으로 확인할 수 있으며, 구조적인 부분이나 아쉬웠던 부분을 회고할 수 있는 기회의 시간이기도 하다. 또 코드를 보다 보면 논리적으로 맞지 않는 부분을 발견하기가 훨씬 쉬워서 QA 시간을 단축할 수 있고 이후 코드를 유지보수할 때나 다른 사람에게 인수인계할 때도 유용하게 활용할 수 있다. 문서화는 정해진 양

식은 없지만 내가 이 일을 그만두고 다음 사람이 이 문서만 봐도 작업을 이해할 수 있을 정도의 수준으로 작성돼야 한다. 보통 함수나 변수의 의미와 역할도 기술하지만 위의 내용에서 모든 코드와 설명이 나오므로 문서화에 대한 설명은 다음의 간단한 예를 하나 보여주는 정도로 마치겠다.

```
function Airplane(x, y)
```

지정한 위치에 정해진 이미지(아군기) Sprite를 생성해 크기를 2배로 키운 후 반환하는 함수

- 인자

  Float x : Sprite를 생성할 가로 좌표값

  Float y : Sprite를 생성할 세로 좌표값

- 반환값

  cocos.nodes.Sprite

QA

QA는 품질 보증(Quality Assurance)의 줄임말로, 쉽게 이야기하면 기능이 제대로 동작하는지, 혹시 간과한 문제는 없는지 알아보고 개선하는 과정을 말한다. QA는 게임의 질을 결정하는 중요한 작업이다. 훌륭한 게임은 여지없이 훌륭한 QA 작업이 진행됐다. 최근에는 UX(User eXperience)도 고려해 QA를 진행하는 곳도 많다. QA도 하나의 전문 분야로서 지면상 많은 부분을 다룰 수 없는 관계로 여기서는 문제점을 찾아보고 해당 부분을 디버깅하는 식으로 간략하게 소개한다.

다시 갤러그를 실행해보자. 게임을 시작하고 계속해서 왼쪽 방향키를 누르고 있어 보자. 아군기가 왼쪽으로 이동하다가 심지어는 화면 밖으로 사라져 버린다. 이 문제는 기획적으로 의도하지 않았으므로 프로그램 버그라고 볼 수 있다. 이런 경우 문제점을 수정해야 한다. 예제 14-10 부분을 다음과 같이 수정해보자.

```
update :function (delay) {
    // 아군기의 키 입력에 따른 이동
    var airplane = this.airplane

    // 키보드의 왼쪽 방향키를 눌려져 있으면 아군기가 왼쪽으로 이동
    if(this.keyMap[37]) {
        if(airplane.position.x > 20)
        airplane.position = ccp(airplane.position.x - 10,
                                airplane.position.y)
    }
    // 키보드의 오른쪽 방향키가 눌려져 있으면 아군기가 오른쪽으로 이동
    else if(this.keyMap[39]) {
        if(airplane.position.x < 620)
        airplane.position = ccp(airplane.position.x + 10,
                                airplane.position.y)
    }

    ...

}
```

간단하게 조건식을 추가하면 해결할 수 있다. 이처럼 대부분의 버그나 문제점은 몰라서 방치하는 경우가 대부분이고 알아내기만 하면 간단하게 해결할 수 있다. 전문 QA 부서의 도움을 받을 수 없다면 스스로 찾거나 친구를 이용해서라도 꼭 QA 절차를 거쳐야만 게임으로서 제대로 기능한다는 점을 명심하자. 열심히 노력해서 정말 재밌는 게임을 만들었어도 버그투성이라면 사용자가 쉽게 외면할 것이다.

마무리

이렇게 개발을 마친 갤러그는 간단한 버전으로서 많은 부분이 미흡하다. 하지만 나머지 부분은 여러분의 몫으로 남길 생각이다. 그 이유는 게임을 개발하다 보면 계속해서 많은 요구사항과 문제점에 직면하기 마련인데, 이때는 스스로 문제를

고민하고 해결하는 능력이 중요하기 때문이다. 갤러그 게임에서 다음과 같은 개
선사항에 대해 한번 고민해보자.

- 배경음악과 효과음
- 결과 Scene과 메뉴 Scene의 연결
- 게임 점수 적용
- 순위 시스템
- 다음 단계로 이동
- 적이 화면에 나오는 패턴 변화
- 하드 코딩 되어 있는 위치값을 유연하게 변경할 수 있게 수정

아무리 고민해도 좋은 해답이 나오지 않는다면 커뮤니티에 질문하는 것도 좋은 방
법이다. 1장 마지막 부분에 관련 커뮤니티를 소개했으므로 참고하기 바란다.

벽돌 깨기

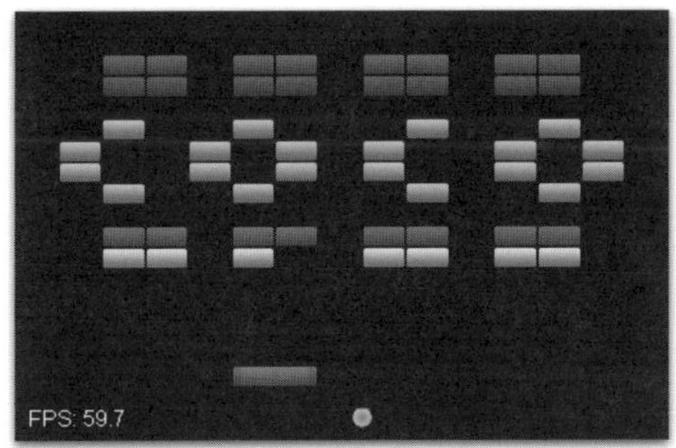

[**그림 14-9**] 벽돌 깨기

처음부터 개발한 갤러그와 달리 이번에는 이미 완성된 Cocos2D 공식 데모 코드
를 분석해 보겠다. 실제로 게임을 개발하다 보면 처음부터 코드를 짜는 만큼이나
다른 코드를 분석해 참조할 때가 많은데, 벽돌 깨기를 통해 코드를 분석하는 경험
을 쌓아보자.

Cocos2D 웹사이트(http://cocos2d-javascript.org/demos/breakout)로 들어
가서 메인 메뉴의 Demos를 보면 breakout이라는 데모 게임을 찾을 수 있다. 이
게임을 한번 실행해보자.

간단하게 벽돌 깨기를 소개하자면 마우스를 이용해 Layer 판넬을 좌우로 이동해
서 공을 튕겨 위에 있는 벽돌을 제거하는 게임이다. 게임을 좋아하는 사람이라면
아마 한 번쯤은 즐겨봤을 게임이다.

breakout 내려받기

github의 cocos2d-breakout(https://github.com/ryanwilliams/cocos2d-
breakout/) 프로젝트 페이지로 이동한 후 Downloads를 누른다.

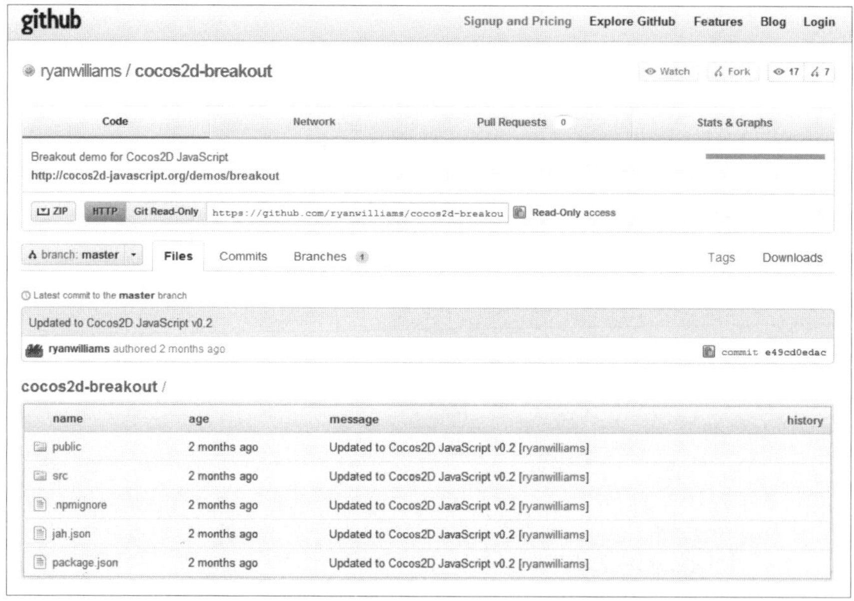

[그림 14-10] github에 등록된 breakout 프로젝트

Download as zip과 Download as tar.gz가 있으며, 편하게 풀 수 있는 압축 포맷을 골라 내려받는다. 필자는 zip의 형태로 내려받았다.

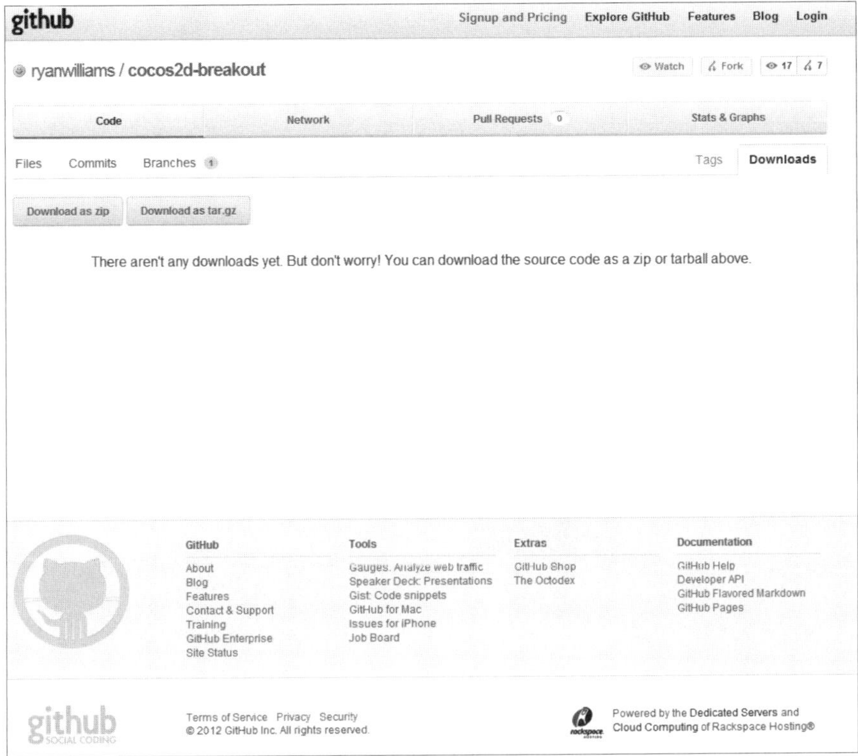

[**그림 14-11**] cocos2d-breakout 내려받기

내려받은 ryanwilliams-cocos2d-breakout-e49cd0e.zip 파일의 압축을 풀고 설치해보자.

벽돌 깨기 설치하기

시작 〉 프로그램 〉 Cocos2D JavaScript 〉 Create new project를 실행하고 원하는 경로에 프로젝트 폴더(Breakout)를 생성한 후 확인 버튼을 누른다.

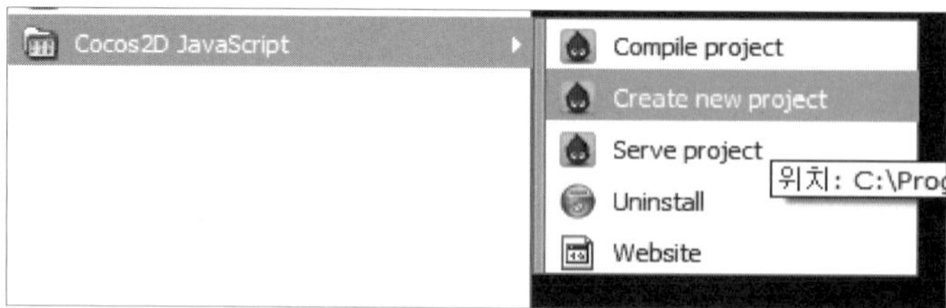

[그림 14-12] Create new project

프로젝트가 생성되면 내려받고 압축을 푼 breakout의 구성물을 복사해 프로젝트 폴더에 덮어쓴다.

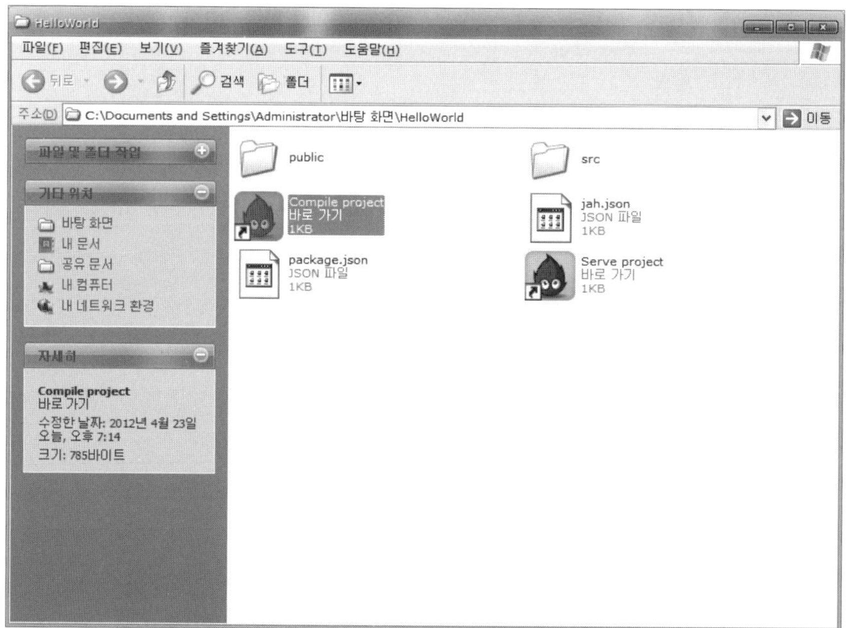

[그림 14-13] breakout 프로젝트

이렇게 새로 프로젝트를 생성해서 덮어쓰는 것은 사실 Serve project나 Compile Project를 사용하기 위한 절차로 직접 배치 파일을 만들어 쓸 수도 있지만 다소 번거로운 관계로 직관적인 방법으로 소개한다.

복사가 완료되면 프로젝트 폴더의 Serve project를 실행한다.

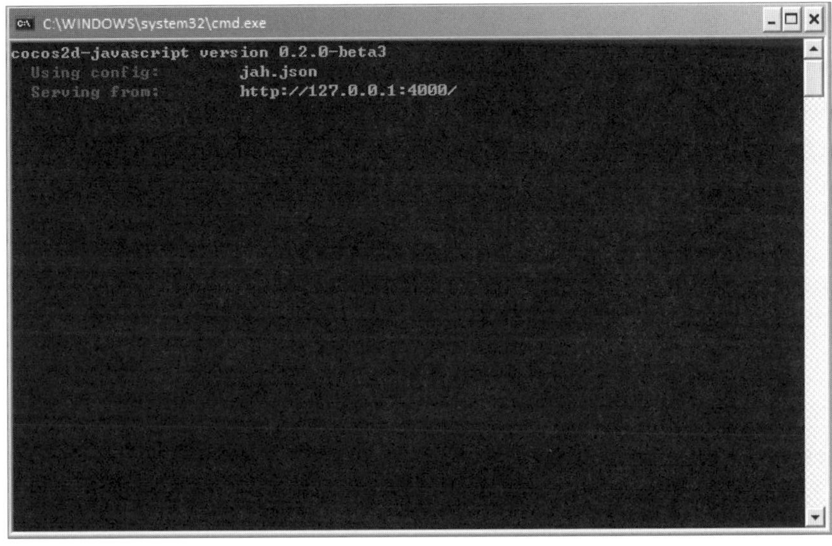

[그림 14-14] Serve project

그림 14-14처럼 Serve project 실행이 정상적으로 완료되면 브라우저를 열어 http://127.0.0.1:4000/로 들어가보자. 처음 Cocos2D 웹사이트에서 봤듯이 정상적으로 실행된다면 준비 완료라고 할 수 있다.

breakout의 구조

    /jah.json
    /package.json
    /.npmignore
    /public/index.html.template
    /src/Ball.js
    /src/Bat.js
    /src/main.js
    /resources/level1.tmx

/resources/sprites.png

main.js에서 Scene과 Layer를 구성해 공과 배트, 맵과 같은 각 객체를 보이게 하고 실질적인 제어 부분은 각 객체에 속한 구조로서 사용자가 움직일 수 있는 배트를 제어하는 bat.js, 벽돌을 부수는 공을 제어하는 ball.js, 스테이지를 구성하는 맵에 대한 자료가 있는 level1.tmx로 나눠서 살펴보겠다.

main.js

먼저 breakout 애플리케이션의 시작 지점이자 Scene과 Layer를 구성하고 마우스 이벤트를 제어하는 main.js를 살펴보자

```
❶ // Cocos2D 모듈 추가
var cocos  = require('cocos2d')
  , events = require('events')
  , geom   = require('geometry')
  , Bat    = require('/Bat')
  , Ball   = require('/Ball')


function Breakout () {
    // 반드시 실행해야 하는 상위 클래스 생성자
    Breakout.superclass.constructor.call(this)

❷   this.isMouseEnabled = true

    // 캔버스의 크기를 가져온다.
    var s = cocos.Director.sharedDirector.winSize



❸   // Bat 객체 구성
    var bat = new Bat()
    bat.position = new geom.Point(160, s.height - 280)
    this.addChild(bat)
```

```
        this.bat = bat
```

❹ ```
    // Ball 객체 구성
    var ball = new Ball()
    ball.position = new geom.Point(140, s.height - 210)
    this.addChild(ball)
    this.ball = ball
```

```
    // 맵 생성
```
❺  ```
    var map = new cocos.nodes.TMXTiledMap({file: '/resources/level1.tmx'})
    map.position = new geom.Point(0, s.height - map.contentSize.height)
    this.addChild(map)
    this.map = map
}
```

```
Breakout.inherit(cocos.nodes.Layer, {
    bat: null,
    ball: null,
```

❻ ```
    mouseMoved: function (evt) {
        var bat = this.bat

        var batPos = bat.position
        batPos.x = evt.locationInCanvas.x
        bat.position = batPos
    },
```

❼  ```
    restart: function () {
        var director = cocos.Director.sharedDirector

        // Scene 생성
        var scene = new cocos.nodes.Scene()

        // Scene에 Layer 추가
        scene.addChild(new Breakout())
```

```javascript
                director.replaceScene(scene)
        }
    })


    /**
     * 애플리케이션 시작 지점
     */
    function main () {
        // director 개체를 가져온다
        var director = cocos.Director.sharedDirector

        // 사용할 자원 로딩이 끝날 때까지 대기
        events.addListener(director, 'ready', function (director) {
            // Scene과 Layer 생성
            var scene = new cocos.nodes.Scene()
              , layer = new Breakout()

            // Scene에 Layer 추가
            scene.addChild(layer)

            // Scene 실행
            director.replaceScene(scene)
        })

        // 자원 미리 로드하기
        director.runPreloadScene()
    }


exports.main = main
```

---

❶ Bat과 Ball은 외부 파일로 객체를 구성하므로 모듈을 선언한다.

❷ 애플리케이션에서의 마우스 사용을 설정한다.

❸ 새로운 배트 객체를 생성해 위치를 지정한 후 화면에 보이도록 Layer에 추가한다.

❹ 새로운 공 객체를 생성해 위치를 지정한 후 화면에 보이도록 Layer에 추가한다.

❺ level1.tmx로 맵 객체를 구성해 위치를 지정한 후 화면에 보이도록 Layer에 추가한다.

❻ 마우스가 움직일 때마다 배트의 위치를 마우스 커서의 위치로 이동한다.

❼ 게임 종료 후 새로 시작할 때 사용하며 새로 Scene을 생성해 새로운 Breakout Layer를 추가한 후 해당 Scene을 실행한다. 즉, 처음부터 다시 실행한다.

전체적인 구조는 일반적인 프로젝트와 크게 다르지 않지만 배트 객체와 공 객체를 외부 파일로 구성했다는 점이 다르다.

Bat.js

사용자가 마우스로 제어할 수 있는 배트 객체로서, 말하자면 벽돌깨기 게임의 주인공이라 할 수 있다. 그러면 bat.js 파일을 살펴보자.

```javascript
var cocos = require('cocos2d')
  , geom  = require('geometry')

function Bat () {
    Bat.superclass.constructor.call(this)

    var sprite = new cocos.nodes.Sprite({
        file: '/resources/sprites.png',
        rect: new geom.Rect(0, 0, 64, 16)
    })

    sprite.anchorPoint = new geom.Point(0, 0)
    this.addChild({child: sprite})
    this.contentSize = sprite.contentSize
}

Bat.inherit(cocos.nodes.Node)

module.exports = Bat
```

Bat.js 파일에서 살펴볼 부분은 Bat()의 생성자 부분이다. 여기서는 sprites.png
로 Bat Sprite를 생성해 모듈에 추가했다. 이 부분이 전부고 제어에 관한 부분은
없다. 실질적인 Bat의 움직임은 main.js에서 이뤄지고 공과의 충돌 검사는 Ball.
js에서 이뤄진다.

Ball.js

코드의 양을 봐도 짐작할 수 있듯이 breakout의 가장 핵심적인 부분이 공 객체
다. 이 부분에서는 화면에 실제로 보일 공 Sprite를 구성하고 배트와 공과의 충돌
검사, 공과 블록과의 충돌 검사, 공과 화면 모서리와의 충돌 검사가 이뤄지며, 충
돌 여부에 따라 공의 방향이 바뀌고 화면에서 블록을 제거하며 공이 바닥으로 떨
어지면 게임을 다시 시작하도록 제어한다.

```javascript
var cocos = require('cocos2d'),
    geom = require('geometry'),
    util = require('util')

❶ function Ball () {
    Ball.superclass.constructor.call(this)

    // sprites.png 파일의 일부분을 Sprite로 구성
    var sprite = new cocos.nodes.Sprite({
        file: '/resources/sprites.png',
        rect: new geom.Rect(64, 0, 16, 16)
    })

    // Sprite의 왼쪽 아래에 앵커 포인트 설정
    sprite.anchorPoint = new geom.Point(0, 0)
    // 공 객체에 Sprite 추가
    this.addChild({child: sprite})
    // Sprite와 공 객체의 콘텐츠 크기를 일치시킴
    this.contentSize = sprite.contentSize
```

```javascript
    // 공의 진행 방향과 속도를 설정
    this.velocity = new geom.Point(60, 120)
    // 스케줄 업데이트 개시
    this.scheduleUpdate()
}

Ball.inherit(cocos.nodes.Node, {
    velocity: null,

❷  update: function (dt) {
        var pos = util.copy(this.position),
            vel = util.copy(this.velocity)

        // 공과 블록이 x 좌표에서 충돌했는지 검사
        if (!this.testBlockCollision('x', dt * vel.x)) {
            // 충돌하지 않았으면 원래 진행방향대로 공의 x 좌표 이동
            pos.x += dt * vel.x
            this.position = pos
        }



        // 공과 블록이 y 좌표에서 충돌했는지 검사
        if (!this.testBlockCollision('y', -dt * vel.y)) {
            // 충돌하지 않았으면 원래 진행방향대로 공의 y 좌표 이동
            pos.y -= dt * vel.y
            this.position = pos
        }

        // 배트와 공과의 충돌 검사
        this.testBatCollision()
        // 화면 모서리와 공의 충돌 검사
        this.testEdgeCollision()
    },

❸  testBatCollision: function () {
        var vel = util.copy(this.velocity),
            // 공의 충돌 영역 가져오기
```

```javascript
        ballBox = this.boundingBox,
        // 사용자가 움직이는 배트의 충돌 영역 가져오기
        batBox = this.parent.bat.boundingBox

    // 배트의 충돌 검사
    if (vel.y > 0) {
        if (geom.rectOverlapsRect(ballBox, batBox)) {
            // 배트와 부딪혔으면 y방향 반전
            vel.y *= -1
        }
    }

    // 바뀐 공의 방향을 적용
    this.velocity = vel
},

testEdgeCollision: function () {
    var vel = util.copy(this.velocity),
        ballBox = this.boundingBox,
        // 캔버스의 크기를 가져온다
        winSize = cocos.Director.sharedDirector.winSize

    // 왼쪽 화면 모서리에 부딪혔을 때
    if (vel.x < 0 && geom.rectGetMinX(ballBox) < 0) {
        // 공의 x 방향 전환
        vel.x *= -1
    }

    // 오른쪽 화면 모서리에 부딪혔을 때
    if (vel.x > 0 && geom.rectGetMaxX(ballBox) > winSize.width) {
        // 공의 x 방향 전환
        vel.x *= -1
    }

    // 위쪽 화면 모서리에 부딪혔을 때
    if (vel.y < 0 && geom.rectGetMaxY(ballBox) > winSize.height) {
        // 공의 y 방향 전환
```

```
        vel.y *= -1
    }

    // 공이 화면 밑으로 떨어졌을 때
    if (vel.y > 0 && geom.rectGetMaxY(ballBox) < 0) {
        // 게임을 다시 시작한다
        this.parent.restart()
    }

    // 방향이 바뀌었을 때 공 객체에 반영한다
    this.velocity = vel
},
```

❺
```
testBlockCollision: function (axis, dist) {
    // 공의 진행 방향과 속도를 가져온다
    var vel = util.copy(this.velocity),
    // 공의 충돌 영역을 가져온다
    box = this.boundingBox,

    // 맵은 여러 개의 Layer를 기질 수 있는데, 그 중 첫 번째 맵 Layer를
    // 가져온다. Breakout은 1개의 맵 Layer를 가진다.
    mapLayer = this.parent.map.children[0]

    // 캔버스의 크기를 구한다
    var s = cocos.Director.sharedDirector.winSize

    // 공이 움직일 위치 값 반영
    box.origin[axis] += dist

    // 공과 부딪힌 블록
    var hitBlocks = []

    // 충돌 검사를 위해 공의 각 모서리를 검사
    var testPoints = {
        nw: util.copy(box.origin),
        sw: new geom.Point(box.origin.x, box.origin.y
                    + box.size.height),
```

```javascript
                ne: new geom.Point(box.origin.x + box.size.width,
                                    box.origin.y),
                se: new geom.Point(box.origin.x + box.size.width,
                                    box.origin.y + box.size.height)
            }

            // 위에서 설정한 데이터를 바탕으로 실제 검사
            for (var corner in testPoints) {
                var point = testPoints[corner]

                // 모든 블록은 32x16이므로 이를 기준으로 블록 위치 참조
                var tileX = Math.floor(point.x / 32),
                tileY = Math.floor((s.height - point.y) / 16),
                tilePos = new geom.Point(tileX, tileY)

                // 빈 타일(Tile ID가 0)이 아니면 부딪힌 블록에 추가
                if (mapLayer.tileGID(tilePos) > 0) {
                    hitBlocks.push(tilePos)
                }
            }

            // 충돌이 일어나면 방향을 전환
            if (hitBlocks.length > 0) {
                vel[axis] *= -1
            }

            // 전환된 방향을 실제 방향에 반영
            this.velocity = vel

            // 부딪힌 블록을 맵에서 제거
            for (var i=0; i<hitBlocks.length; i++) {
                mapLayer.removeTile(hitBlocks[i])
            }

            return (hitBlocks.length > 0)
        }
})

module.exports = Ball
```

❶ Ball 모듈의 생성자 부분으로, 공이 화면에 보이도록 sprints.png파일로 Sprite를 생성해 추가하고 this.velocity로 속도와 방향을 지정한 후 this.scheduleUpdate() 로 update() 함수를 최대한 빠른 속도로 주기적으로 호출한다.

❷ 주기적으로 호출되는 Schedule로 공의 블록, 배트, 화면 모서리와의 충돌을 검사하며, 공의 진행 방향에 따라 실질적으로 공을 움직인다.

❸ 배트와 공의 충돌 검사 부분으로서 충돌이 일어나면 진행 방향을 변화시킨다.

❹ 화면 모서리와의 충돌 검사 부분으로 충돌이 일어나면 공의 진행 방향을 변화시킨다. 공이 화면 밑바닥에 부딪히면 게임을 다시 시작한다.

❺ 공과 블록과의 충돌 검사 부분으로서 충돌이 일어나면 해당 블록을 화면에서 제거하고 공의 진행 방향을 변화시킨다.

level1.tmx

```xml
<?xml version="1.0" encoding="UTF-8"?>
```
❶
```xml
<map version="1.0" orientation="orthogonal" width="15" height="15"
      tilewidth="32" tileheight="16">
```
❷
```xml
<tileset firstgid="1" name="sprites" tilewidth="32" tileheight="16">
<image source="sprites.png"/>
</tileset>
```
❸
```xml
<layer name="Tile Layer 1" width="15" height="15">
<data encoding="base64">
```

AAAAAAAAAAAAAAAAAAAAAAAAAAAAAAAAAAAAAAAAAAAAA
AAAAAAAAAAAAAAAAAAAAAAAAAAAAAAAAAAAAAAAAAAAAAJAAAACQAAAAAAAAAJAAAACQAA
AAAAAAAJAAAACQAAAAAAAAAJAAAACQAAAAAAAAAAAAAAAAAAAAAAAAAAOAAAADgAAAAAAAA
OAAAADgAAAAAAAAOAAAADgAAAAAAAAOAAAADgAAAAAAAAAAAAAAAAAAAAAAAAAAAAAAAAAA
AAAAAAAAAAAAAAAAAAAAAAAAAAAAAAAAAAAAAAAAAAAAAAAAAAAAAAAAAAAAAAAAAAAAAAAA
AAMAAAAAAAAAAAAAAMAAAAAAAAAAAAAAAADAAAAAAAAAAAAAADAAAAAAAAAAAAAAA
AAAAAAwAAAAAAAAAAAAAAwAAAAAAAADAAAAAAAAAMAAAAAAAAAAAAAAMAAAAAAAAAw
AAAAAAAAAAAAAAwAAAAAAAAAAAAAAwAAAAAAAADAAAAAAAAAMAAAAAAAAAAAAAAMAA
AAAAAAAwAAAAAAAAAAAAAAAAMAAAAAAAAAAAAAAMAAAAAAAAAAAAAAAADAAAA
AAAAAAAAAADAAAAAAAAAAAAAAAAAAAAAAAAAAAAAAAAAAAAAAAAAAAAAAAAAAAAAAAA
AAAAAAAAAAAAAAAAAAAAAAAAAAAAAAAAAAAAAAAAAAAAAAAAAAAANAAAADQAAAAAAAAANAAAADQA
AAAAAAAANAAAADQAAAAAAAAANAAAADQAAAAAAAAAAAAAAAAAAAAAAAAAAAALAAAACwAAAAAAAA
ALAAAACwAAAAAAAAALAAAACwAAAAAAAAALAAAACwAAAAAAAAAAAAAAAAAAAAAAAAAAAAAAAA
AAAAAAAAAAAAAAAAAAAAAAAAAAAAAAAAAAAAAAAAAAAAAAAAAAAAAAAAAAAAAAAAAAAAAAAA

```
AAAAAAAAAAAAAAAAAAAAAAAAAAAAAAAAAAAAAAAAAAAAAAAAAAAAAAAAAAAAAAAAAAAAAAAAA
AAAAAAAAAAAAAAAAAAAAAAAAAAAAAAAAAAAAAAAAAAAAAAAAAAAAAAAAAAAAAAAAAAAAAAAAA
AAAAAAAAAAAAAAAAAAAAAAAAAAAAAAAAAAAAAAAAAAAAAAAAAAAAAAAAAAAAAAAAAAAAAAAAA
AAAAAAAAAAAAAAAAAAA
  &lt;/data&gt;
 &lt;/layer&gt;
&lt;/map&gt;
```

---

❶ orthogonal 종류의 타일맵으로 타일 한 개의 크기는 32x16이며, 화면에 총 15x15개가
들어간다.

❷ sprites.png 파일에서 타일을 추출하며, 타일 하나의 크기는 32x16이다

❸ Tile Layer 1이라는 15x15 크기의 타일을 가지는 Layer와 그 구성

이처럼 직접 XML을 구성할 수도 있지만 에디터로 구성하는 방법이 훨씬 간편하
고 빠르다. 앞서 소개한 13. 3 Tiled Map Editor를 참조해 level1.tmx를 편집해
보자.

level1.tmx 편집 시 주의사항

Edit 〉 Preferences를 선택한 후 Store tile layer data as:의 콤보박스에서
Base64 (uncompressed)를 선택해야 한다. 기본으로 zlib compressed가 선택
돼 있는데 이렇게 저장하면 Cocos2d가 무한으로 로딩하는 모습을 볼 수 있다.

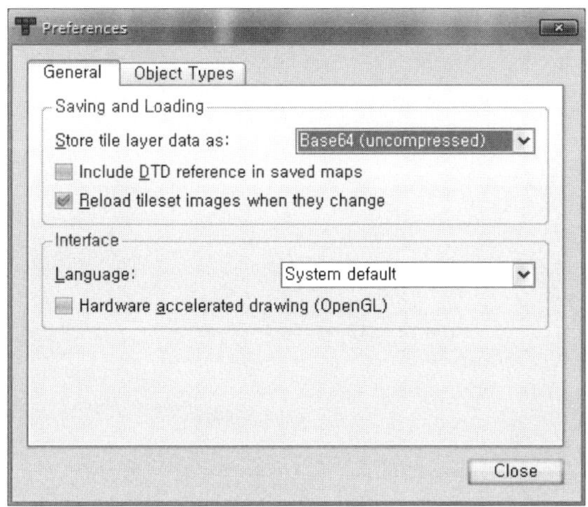

[그림 14-15] Tiled Preferences

처음부터 만들어보기

벽돌 깨기를 처음부터 개발해보고 싶다면 다음 Cocos2D 사이트를 보면 친절하게 튜토리얼이 구성돼 있으니 해당 문서를 참고하자.

http://cocos2d-javascript.org/tutorials